NOEMI VOLA

# Über das unglückliche Leben der Regenwürmer

## Ein relativ kurzes naturkundliches Traktat

AUS DEM ITALIENISCHEN VON ALEXANDRA TITZE-GRABEC

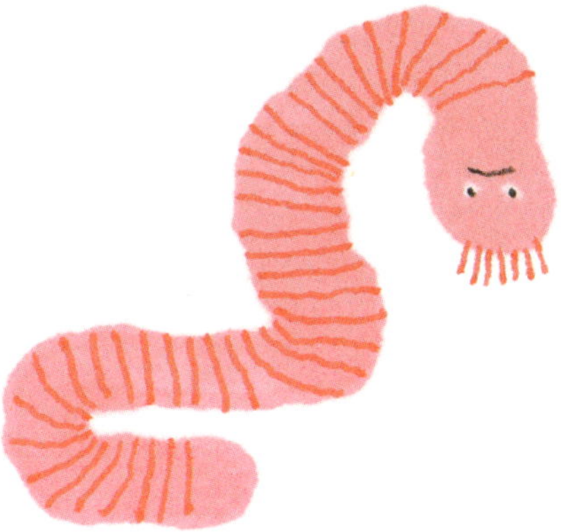

Kunstmann

„Aber vielleicht findet das Kopfende [des Regenwurmes] es schön, dass es nichts mehr hinter sich herziehen muss, doch wer weiß, das ist nämlich nicht sicher. Wenn jemand jederzeit in der Mitte auseinandergehen kann, ist nichts ganz sicher. Aber egal, was man davon hält, das Angeln sollte man jedenfalls bleiben lassen."

Tove Jansson
*Das Sommerbuch*

# Inhaltsverzeichnis

**DRITTES KAPITEL**
In dem der Regenwurm im Schlamm erwacht, nicht mehr weiß, wer er ist, wie viele er ist, wann das alles losging und wo es enden wird

**VIERTES KAPITEL**
In dem der Regenwurm lieber ein Schnürsenkel wäre als er selbst

**FÜNFTES KAPITEL**
In dem der Regenwurm sich vorzustellen versucht, er wäre ein anderer oder hätte zumindest Zähne, dann versucht, zum Stein zu werden, sich aber leider eine Erkältung zuzieht

**SECHSTES KAPITEL**
In dem der Regenwurm seinen Platz in der Welt sucht, ihn jedoch nicht findet

**SIEBENTES KAPITEL**
Über die Hartnäckigkeit sowie den Sinn und den Nutzen, Gänge zu graben

**SCHLUSSBEMERKUNG**
In dem die Leserschaft zur Verbreitung der Verhaltensregeln zum Schutz vor Blitzschlag angehalten wird

# Vorbemerkung zu einem Buch über Würmer

Falls es euch je in den Sinn kommen sollte, ein Buch über Regenwürmer zu schreiben (in anderen Sprachen/manchen Ländern auch als „Erdwürmer“ bekannt), dann rate ich euch dringend, diese Idee sofort fallen zu lassen und lieber ein bisschen rauszugehen, um – je nach Jahreszeit – die Sonne oder den Regen zu genießen.

Man mag sich zwar zunächst der Illusion hingeben, es sei möglich, erschöpfend über Regenwürmer Auskunft zu geben, aber sobald man sich mit ihnen beschäftigt, erkennt man, dass sie sich ständig verändern. Daher wird das, was über sie zu sagen ist, immer komplizierter. Hat man den Eindruck, gerade noch über eine Sache zu sprechen, stellt sich plötzlich heraus, dass man über etwas völlig anderes spricht. Außerdem interessieren Regenwürmer nun wirklich niemanden, und es wird euch nicht überraschen zu erfahren, dass die meisten Leserinnen und Leser Bücher über Regenwürmer sterbenslangweilig finden; sie bevorzugen andere Themen, etwa Dinosaurier, Tiger, Delfine, geflügelte weiße Pferde und Ähnliches.

Trotzdem habe ich mich gewissermaßen dazu verpflichtet gefühlt, über diese Tiere zu sprechen, nachdem ich selbst zufälligerweise einem Wurm begegnete, der versehentlich halbiert wurde und ganz plötzlich erkannte, dass er nur eine Hälfte seines vorherigen Selbst war und nun rein gar nichts mehr verstand.

Seit diesem Moment machte ich mir Notizen zu Regenwürmern; später habe ich fast das gesamte gesammelte Material entsorgt. Dieses Buch ist eine Zusammenfassung der Notizen, die noch übrig waren, über die Verhaltensweisen und Gewohnheiten im Leben von Regenwürmern, über die Gefahren, denen sie ausgesetzt sind, und über plötzlich eintretende Ereignisse, die ihr Leben von einem Augenblick zum anderen völlig verändern können.

Schlussendlich zielt dieses Buch nicht darauf ab, eure Meinung über Regenwürmer zu ändern oder eure wissenschaftlichen Kenntnisse über diese Tiere zu erweitern, vielmehr soll es euch dazu bringen, darüber nachzudenken, wie wenig ihr bislang über sie wusstet. Denn das Einzige, was wir mit Sicherheit wissen, ist, dass es sich bei ihnen nicht um Raupen handelt, wie es dennoch die meisten Menschen gerne glauben wollen.

VOR-
BE-
MER-
KUNG

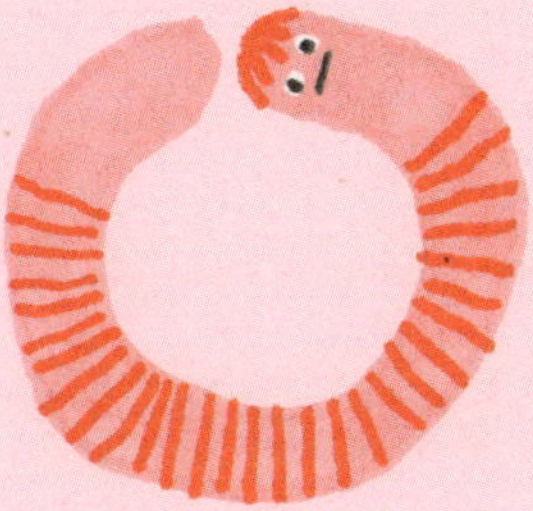

# Einleitung

Über den Namen, die Anatomie und das fehlende wissenschaftliche und kulturelle Interesse an Regenwürmern; darüber, wie leicht sie mit Raupen verwechselt werden, und darüber, wie negativ die Gesellschaft ihnen gegenübersteht.

# Der Regenwurm

~~Das~~

Das ist der Regenwurm.

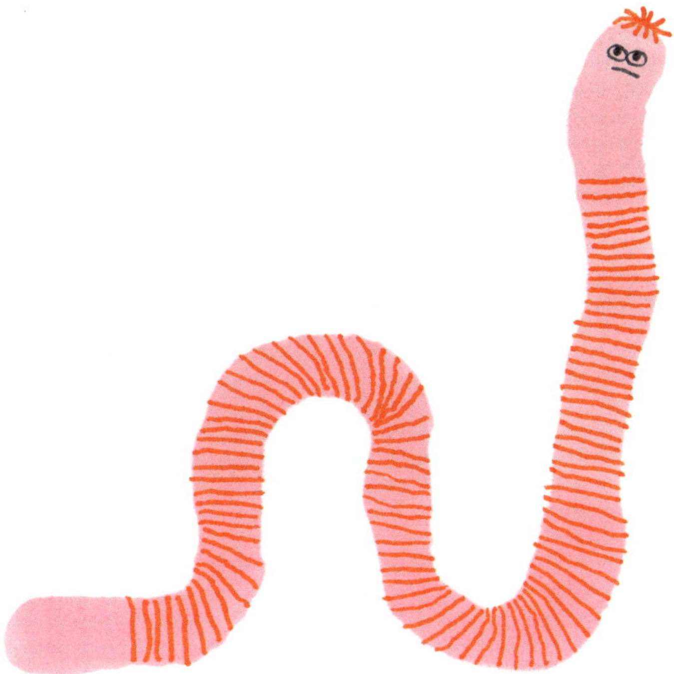

# Anatomie

Der Regenwurm ist ein sehr schlichtes Tier, das sich mittels eines Punktes (Abb. 1), einer gekrümmten Linie (Abb. 2) oder eines Strichs (Abb. 3) darstellen lässt, je nach dem Blickwinkel, aus dem man ihn betrachtet.

Abb. 1

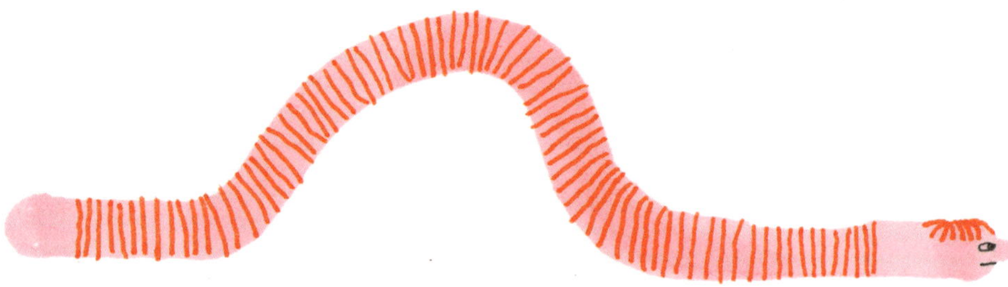

Abb. 2

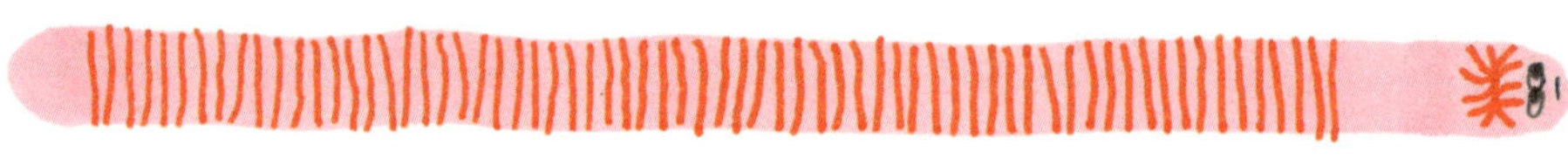

Abb. 3

TYPISCHE GESICHTSAUSDRÜCKE DES REGENWURMS

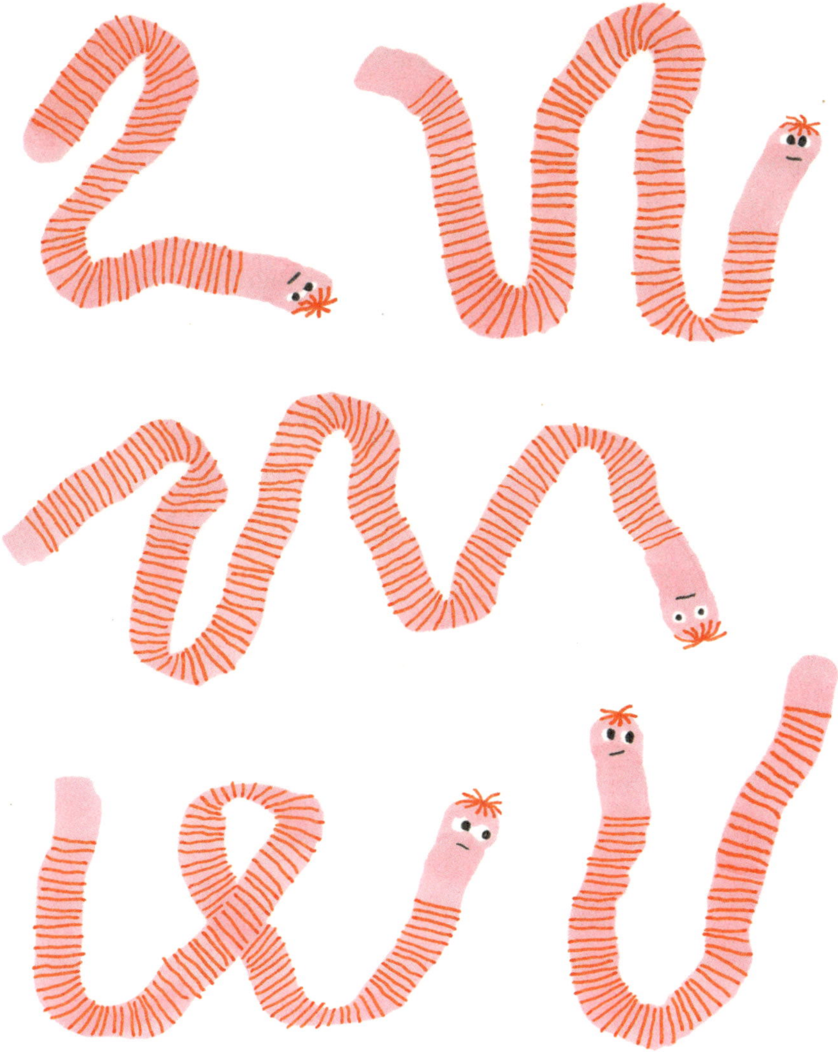

Doch egal, in welcher Form man ihn auch darstellt, es wird niemals die alleingültige Regenwurmform sein. Nachdem der Wurm über kein Skelett verfügt, befindet er sich in ständigem Wandel, er verändert sich andauernd. Auch wenn er eine Treppe hinunterfallen sollte, bricht er sich nicht einen Knochen. Er tut sich wohl nicht einmal besonders weh.

# Farbe und Größe

Der Regenwurm kann kurz oder sehr kurz, lang oder sehr lang sein. Regenwürmer gibt es in jeder Schattierung von Rosa, zum Beispiel Erdbeerrosa, Geranienrosa, Pfirsichrosa, Lachsrosa, Schweinchenrosa, Kaugummirosa, Altrosa, Sorbetrosa, Wassermelonenrosa und so weiter und so fort.

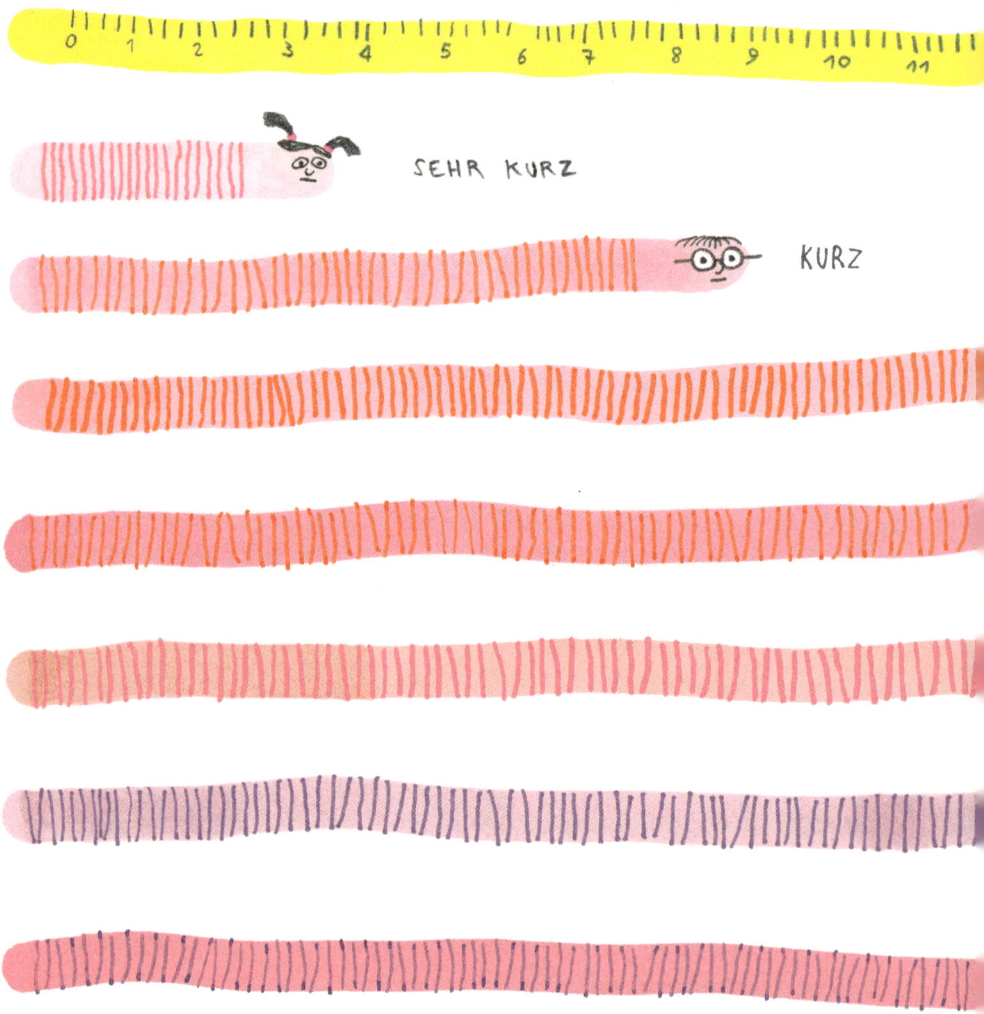

14
15
16
17
18
19
20
21
22
23
24
25

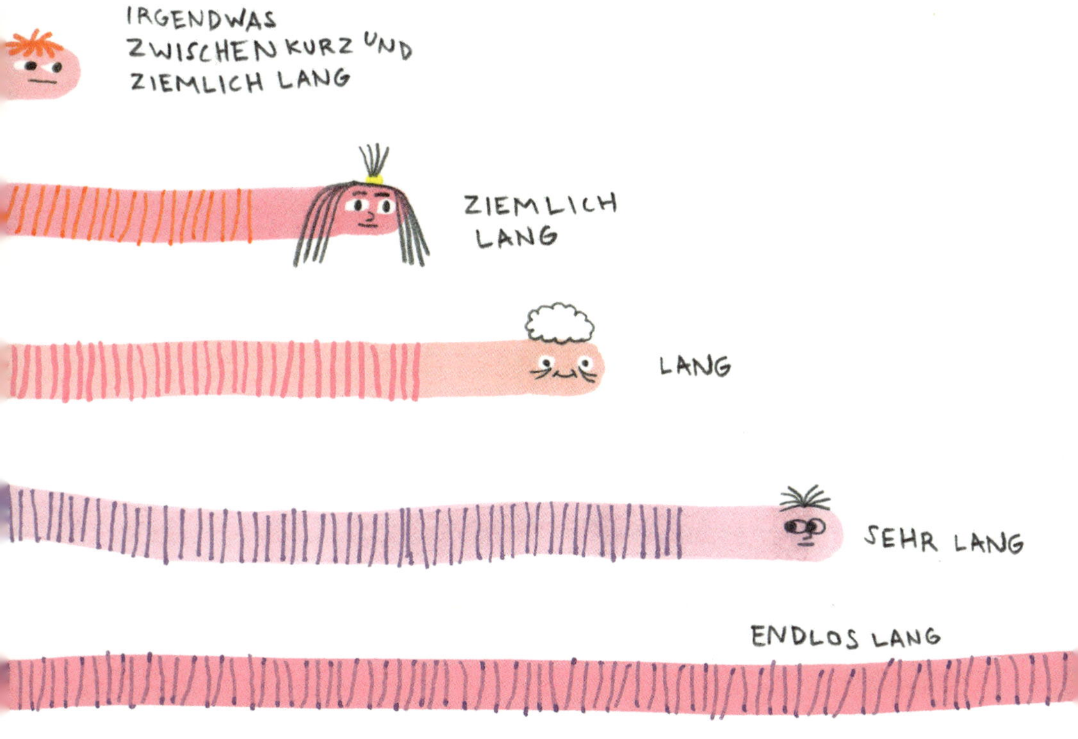
IRGENDWAS ZWISCHEN KURZ UND ZIEMLICH LANG
ZIEMLICH LANG
LANG
SEHR LANG
ENDLOS LANG

# Der Regenwurm in der Welt

Die Welt ist voll von Regenwürmern. Es gibt, verteilt über alle Erdteile lebend, an die 700 unterschiedliche Arten, von denen einige selbst der Wissenschaft bis heute völlig unbekannt sind.

# Einige berühmte Regenwürmer

Einige Arten sind wiederum so bekannt, dass sie geradezu weltberühmt sind.

10
BULLS
23
EVERLAS
EVERLA
EVERE

# Physiognomie und Haarschnitte

Trotz der großen Artenvielfalt sehen Regenwürmer einander sehr ähnlich, weshalb es recht schwierig ist, sie voneinander zu unterscheiden. Der einzige Unterschied findet sich allenfalls im Abstand der Augen, im Neigungswinkel der Nase, in der Form des Kopfes,

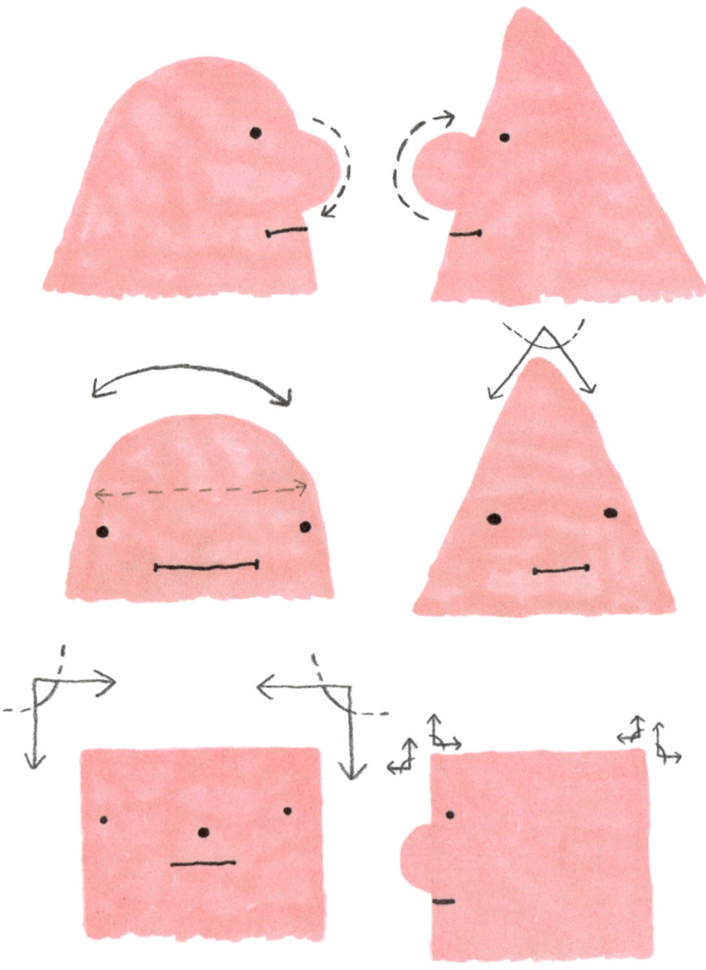

der Frisur und einigen anderen unbedeutenden Einzelheiten.

# „Erdwürmer"

Der Regenwurm wird in vielen Sprachen auch als „Erdwurm“ bezeichnet, weil er die meiste Zeit seines Lebens unter der Erdoberfläche verbringt. An die Oberfläche kommt er nur bei Nacht, da die Sonne tagsüber seine Haut austrocknen würde,

und wenn es regnet, da er sonst in seinen Gängen ertrinken könnte.

# Lebensraum

Regenwürmer halten sich im Boden auf und leben in sämtlichen Teilen der Erde. Wir finden sie am Meer, in den Bergen, in der Wüste

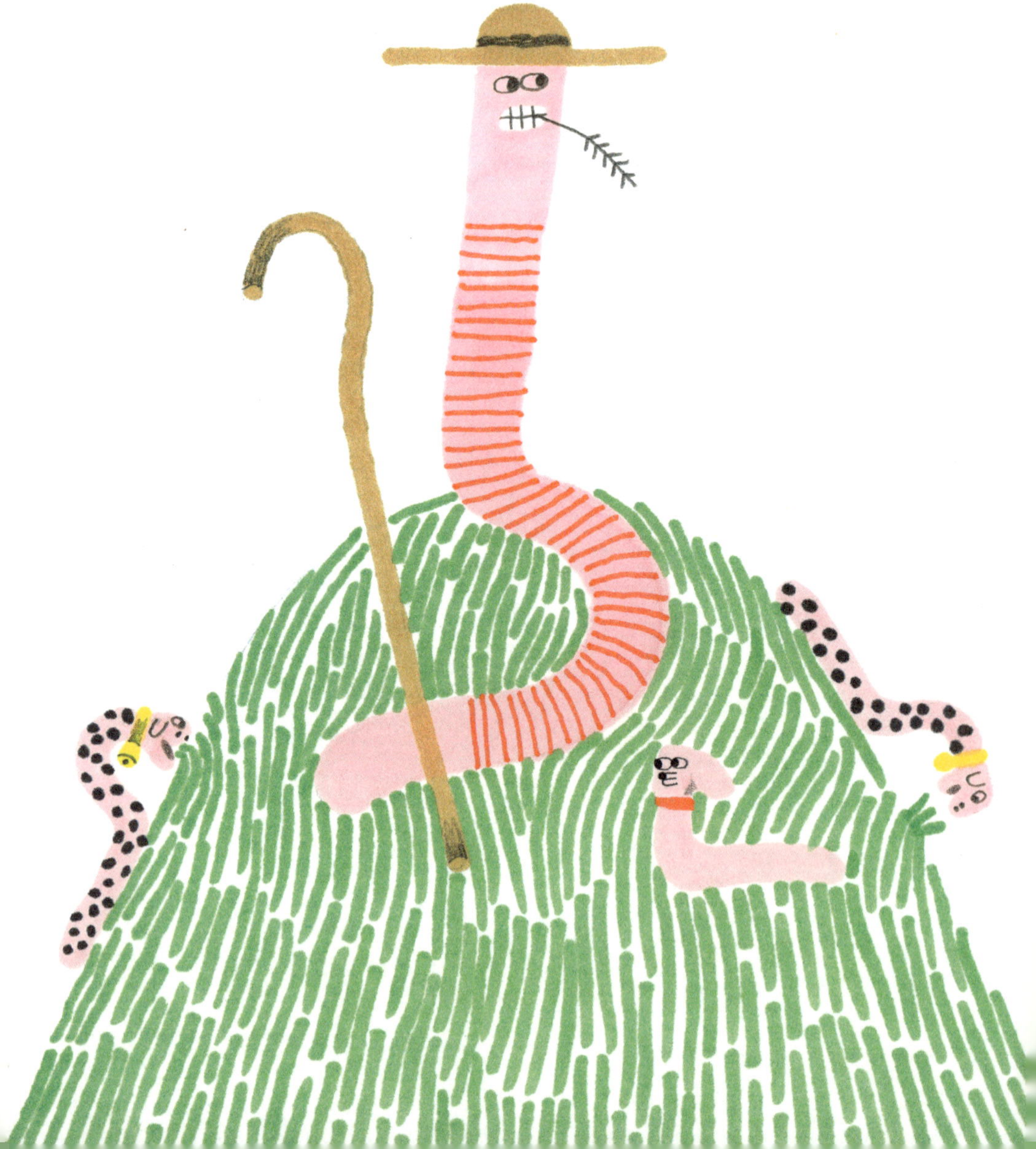

und sogar im Dschungel.

# Die Verwandtschaft des Regenwurmes

Die Familie der Würmer ist sehr weitläufig. Zu den Verwandten des Regenwurmes gehören der Blutegel (Abb. 4), der Wattwurm (Abb. 5) und der Bandwurm (Abb. 6). Letzterer ist besonders interessant, weil er es sich gerne im Inneren von Hunden, Schweinen und anderen Tieren gemütlich macht. Sein Name spricht Bände.

Abb. 4

Abb. 5

Abb. 6

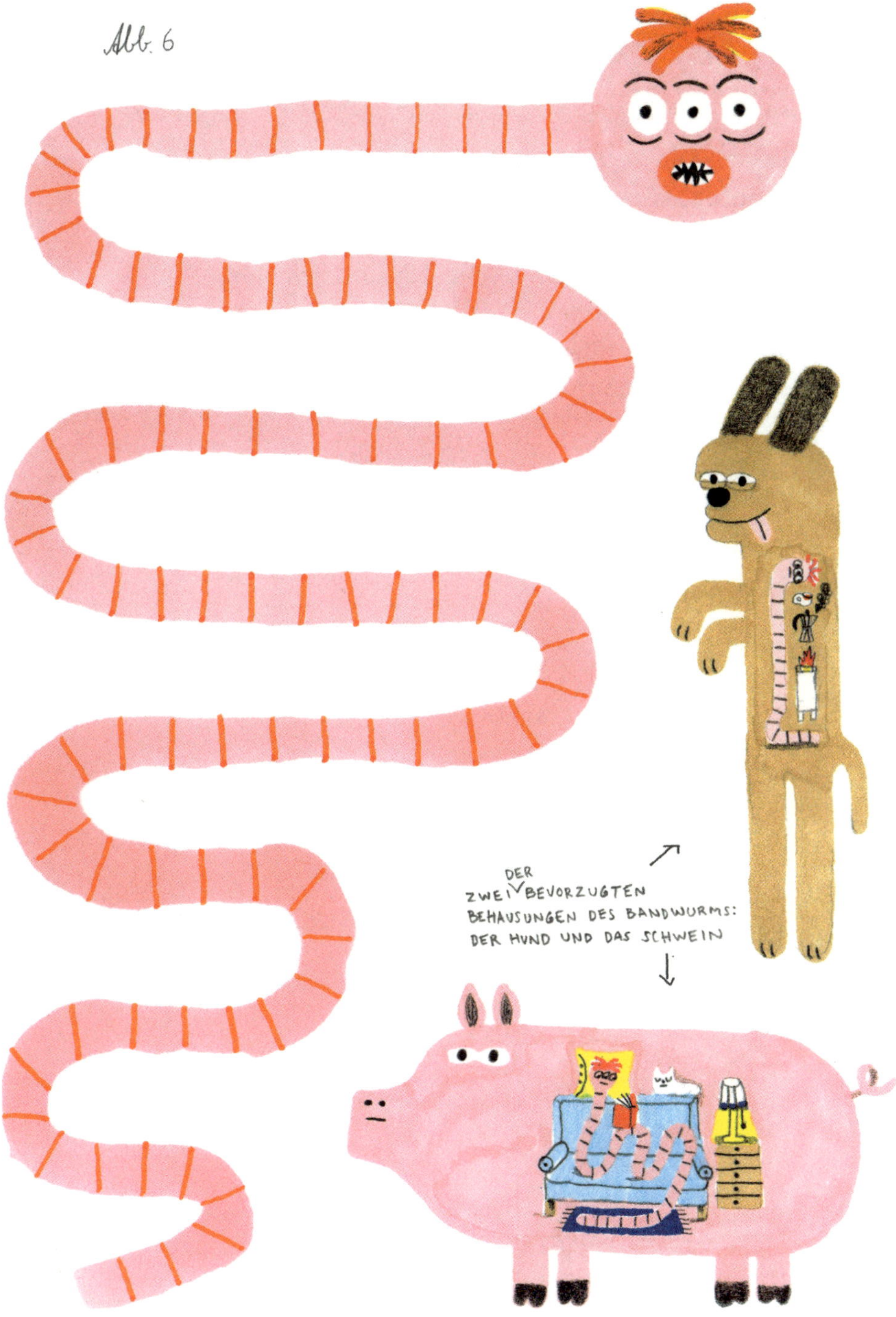
ZWEI DER BEVORZUGTEN
BEHAUSUNGEN DES BANDWURMS:
DER HUND UND DAS SCHWEIN

# Der Regenbogen

Würden sich alle Regenwürmer eines bestimmten Gebietes zusammentun, könnten sie einen Regenbogen bilden, und wir müssten nicht mehr darauf warten, dass es regnet und gleichzeitig die Sonne scheint, um einen zu Gesicht zu bekommen. Doch leider haben die Tierchen weder Interesse an Gruppenarbeit noch an Regenbögen.

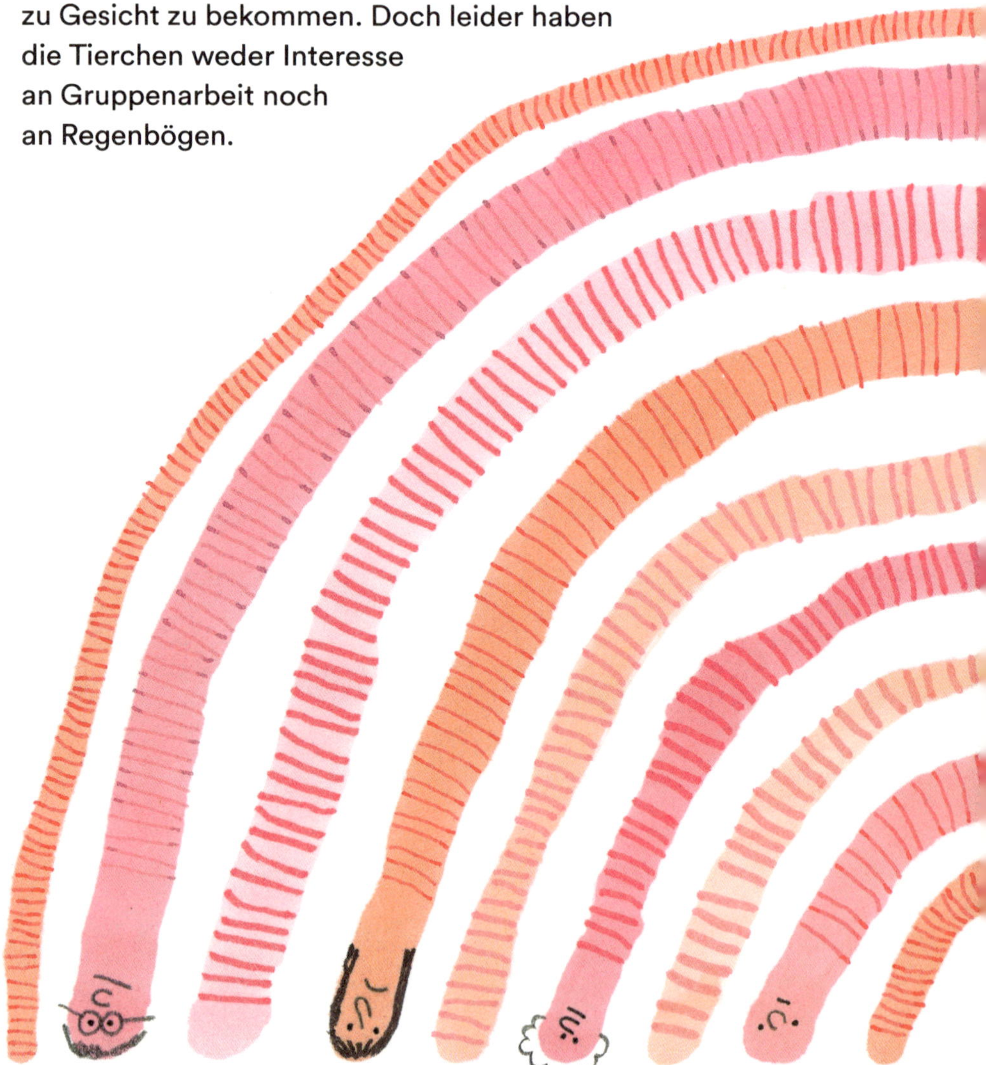

SONNE
ES FÄNGT AN ZU REGNEN
REGEN
REGENWURM
REGENBOGEN

# Tunnelbau

Im Gegensatz zu anderen Wirbellosen, zum Beispiel Bienen oder Ameisen, die aufgrund ihrer bemerkenswerten Organisationsfähigkeiten bewundert und beforscht werden, errichten Regenwürmer keine großartigen Bauwerke, wie etwa Bienenstöcke (Abb. 7)

Abb. 7

oder Ameisenhügel (Abb. 8).

Sie ziehen sich lieber zurück und frönen ihrer einzigen wahren Leidenschaft: dem Bau von Tunneln, auch Gänge oder Röhren genannt.

WOHIN GEHTS?
KEIN PLAN

Tatsächlich verbringt der Regenwurm einen Großteil seiner Zeit damit, unermüdlich Tunnel unter der Erdoberfläche zu graben, ohne so ganz genau zu wissen, wozu eigentlich.

Man könnte annehmen, er suche vielleicht etwas, was jedoch nicht der Fall ist. Ihm ist sehr wohl bewusst, dass er nur eines findet, wenn er sich durch die Erde gräbt: noch mehr Erde.

# Ernährung

Bemerkenswerterweise muss der Regenwurm, verfügt er doch weder über Krallen, Spitzhacke oder Schaufel, die Erde vor sich fressen, um vorwärtszukommen.
Aus diesem Grund bildet Erde die Basis seiner Ernährungspyramide.

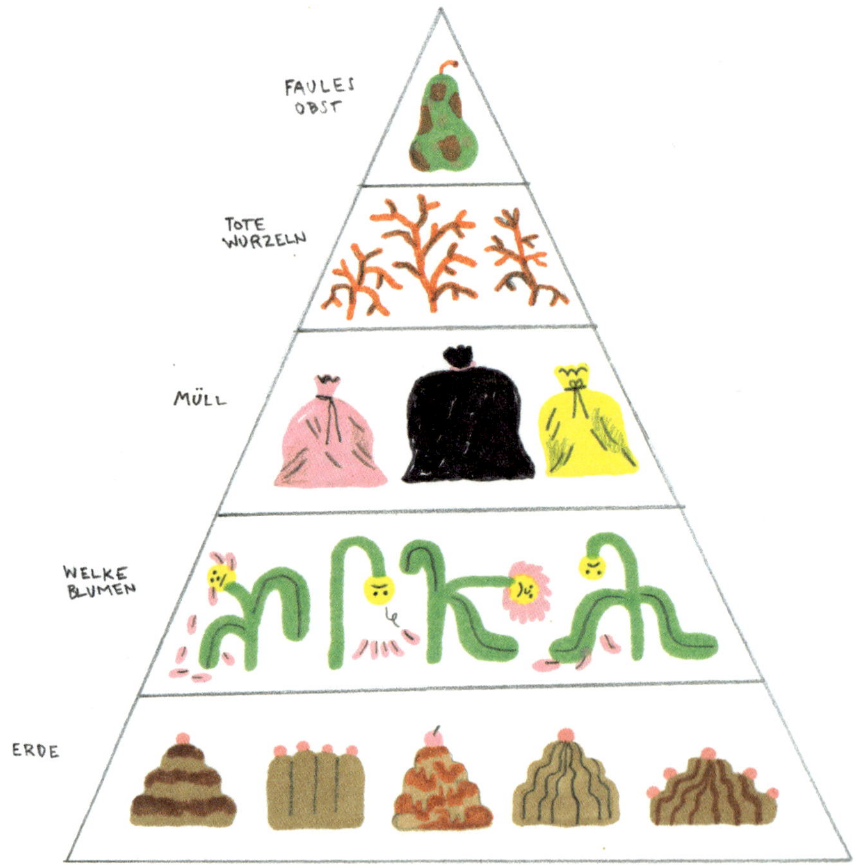


DIE ERNÄHRUNGSPYRAMIDE DES REGENWURMS

Zudem ist der Regenwurm in der Lage, Rosenstacheln zu fressen, ohne sich dabei zu verletzen.

So etwas wie Ekel scheint er nicht zu kennen.

# Wie man Regenwürmer erkennt

Alles in allem ist der Regenwurm ein recht bedauernswertes Tier. Er hat das Pech, als Wurm geboren zu werden und als Wurm zu sterben, ohne auch nur einen Tag als Schmetterling verbringen zu dürfen.

Ganz im Gegensatz zu seiner Freundin, der Raupe, mit der er recht häufig verwechselt wird.

Es sei hier ein für alle Mal klargestellt:

Ein Regenwurm ist weder eine Raupe

noch eine rosa Schlange.

Eine Raupe ist aus vielen aneinanderhängenden Kügelchen zusammengesetzt,

während ein Regenwurm aus zahlreichen Ringen besteht, die auch „Segmente“ genannt werden.

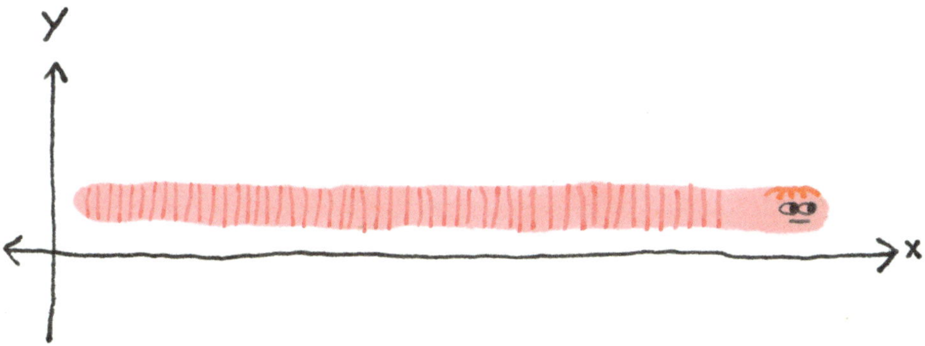


Und anders als viele Schlangen ist er nicht giftig.

Nicht nur an Gift fehlt es ihm. Dieses Tier hat rein gar nichts, um sich vor der Welt zu schützen. Keine Stacheln, keine spitzen Zähne, keine schnellen Beinchen, kein Fell gegen die Kälte, kein Gehäuse, um sich zu verstecken, keinen Panzer, um darin zu kämpfen, keine Scheren, keine Krallen, um zu kratzen, keine sieben Leben wie Katzen, denen immer noch sechs Versuche bleiben, sollte etwas schiefgehen.

Ganz zu schweigen von der Tatsache, dass der Regenwurm rosa ist, was es ihm verunmöglicht, sich zu tarnen.

# Die natürliche Selektion

Das wirft natürlich die Frage auf, wie es dem Regenwurm gelungen ist, der gnadenlosen natürlichen Selektion zu entgehen, bei der jene Lebewesen eine höhere Überlebenschance haben, die über in ihrer Umgebung vorteilhafte Eigenschaften verfügen. Vielleicht ein Fehler im System? Wer weiß.

☒ Selektion nicht überstanden

# Gegner und Fressfeinde

Zweifellos hat der Regenwurm zahlreiche Feinde, wie den Igel (Abb. 9), den Frosch (Abb. 10), den Feuersalamander (Abb. 11), das Huhn (Abb. 12), die Taube (Abb. 13), den Maulwurf (Abb. 14), den Tausendfüßler (Abb. 15) oder die Spitzmaus (Abb. 16), ganz abgesehen von all denen, die nicht darauf achten, wo sie hintreten.

Abb. 9

Abb. 10

Abb. 11

Abb. 12

Abb. 13

Abb. 14

Abb. 15

Abb. 16

Nicht zu vergessen die Hunde der besseren Gesellschaft, die ihn aufgrund seiner völligen Pelzlosigkeit mit Verachtung strafen.

Und vor allem: den Menschen. Der Mensch hasst den Regenwurm, schaut auf ihn herab und schließt ihn von den meisten seiner Aktivitäten aus. Tatsächlich finden sich Regenwürmer weder in der Literatur noch im Film, in der Musik oder in der Mode. Nicht einmal im Zoo sind sie geduldet.

# Charles Darwin

Nur Charles Darwin hat sich, vor sehr langer Zeit, wirklich für Regenwürmer interessiert und sogar ein Buch über sie geschrieben, das jedoch als recht langweilig galt und nicht sehr erfolgreich war.

PORTRÄT VON CHARLES DARWIN

Obwohl er seinen letzten Lebensabschnitt mit der Beobachtung dieser Tiere verbrachte, um ihnen die Sichtbarkeit zu verleihen, die sie verdienen, erinnern sich heute alle lediglich wegen seiner Theorie der Entstehung der Arten an ihn, in der zwar viel von Affen die Rede ist, Regenwürmer aber keine Erwähnung finden.

ERSTE AUSGABE VON "The Formation of Vegetable Mould Through the Action of Worms", 1881

# Warum Regenwürmer einen Schwanz haben

Doch es gibt ein Thema, das nicht einmal Darwin ausführlich behandelt und das einen Aspekt betrifft, der im Leben des Regenwurmes meiner Ansicht nach nicht ganz unerheblich ist: nämlich sein Schwanz. Wie wir wissen, dient der Schwanz den meisten Tieren zu Aktivitäten, die ihr Überleben sichern,

wie etwa zum Verjagen von Fliegen, zum Halten des Gleichgewichts, zum Klettern auf Bäume, zum Werben bei der Partnersuche oder zur Verteidigung.

Wozu jedoch der Schwanz des Regenwurmes gut ist, weiß niemand.

# Erstes Kapitel

Der Regenwurm und sein Schwanz.
Beschaffenheit und Verhaltensweisen

Der Regenwurm besteht aus zwei Teilen, auch bekannt als Kopf (a) und Schwanz (b).

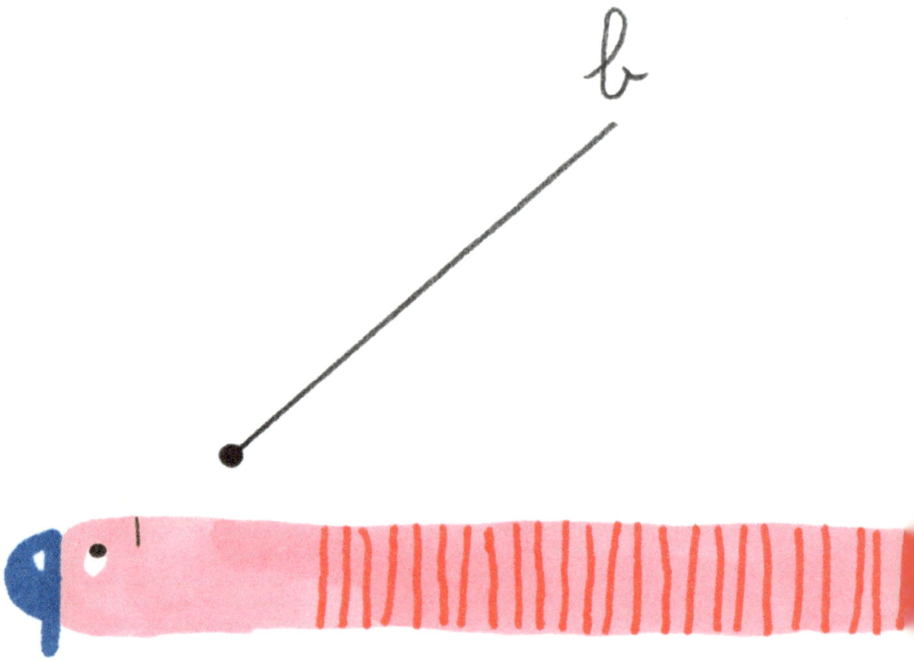


b = Schwanz

Da sich die Wissenschaft, wie bereits erwähnt, nicht wirklich im Klaren darüber ist, welche Funktion der Schwanz erfüllt, beschränken wir uns hier auf die Beobachtung einiger Verhaltensweisen.

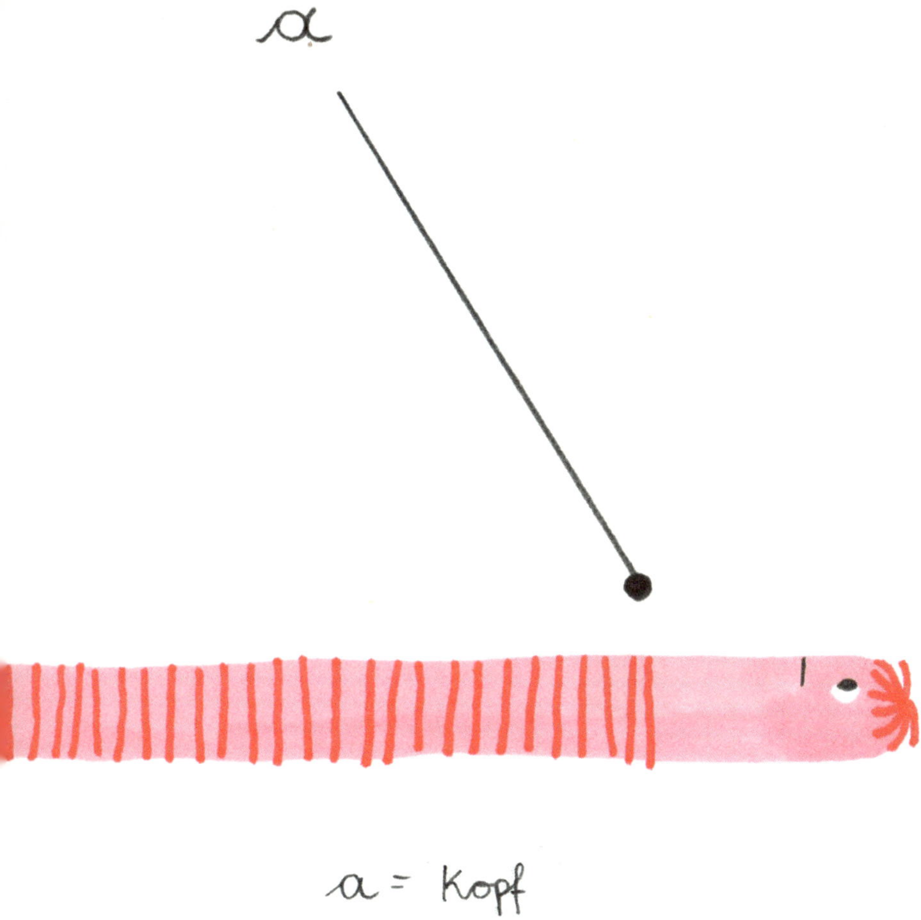

Zu Beginn, wenn der Wurm sehr jung ist, teilen sich die beiden

Hälften, die einander sehr nahe sind, alles: das Zuhause,

das Frühstück,

den Geburtstag

und alle anderen Feiertage,

31
DEZ

## Sonntage im Stadion

und Ausflüge ins Museum.

Due, La Pera
Enzo Mari

Fragen, auf die es keine Antwort gibt.

UND WENN DIE ERDE ABSTÜRZT?

Jeden Morgen,

aber auch jeden Nachmittag

und jeden Abend, zumindest bis eine Seite einschläft.

Aber das ist nicht alles.

Der Schwanz gibt dem Kopf des Regenwurmes Tipps, wenn die Fragen einfach zu schwierig sind,

leiht ihm eine Zahnbürste, wenn der seine vergessen hat,

und deckt ihm stets den Rücken, wenn es nötig ist.

WIE MIR
DAS HERZ BLU-
TET
WURM
WURM
WURM

Doch wenn der Wurm älter wird, wird er auch länger, und der Abstand zwischen den beiden Teilen vergrößert sich.

Trotzdem bleiben sie unzertrennlich ...

DA LANG
RG

… was bedeutet, dass sie sich bei jeder Entscheidung einigen müssen.

Das ist nicht immer einfach,

DORT LANG

weshalb sich Regenwürmer
bisweilen verknoten.

Tritt dieses *Phänomen der Knotenbildung* ein, ist das Leben des Wurmes in Gefahr,

da er in diesem Zustand die Aufmerksamkeit
von Fressfeinden erregt,

die jedoch oft selbst nicht gewillt sind,

sich über die Aufteilung der Mahlzeit zu einigen.

Es folgt das klassische Szenario, bei dem der Wurm, an dem von beiden Seiten gezerrt wird, zu zerreißen droht.

Glücklicherweise ist er ein ziemlich dehnbares Tier:
Lässt der Feind aus Versehen los,

steht er ohne Mittagessen da.

Und der Regenwurm ist fürs Erste gerettet.

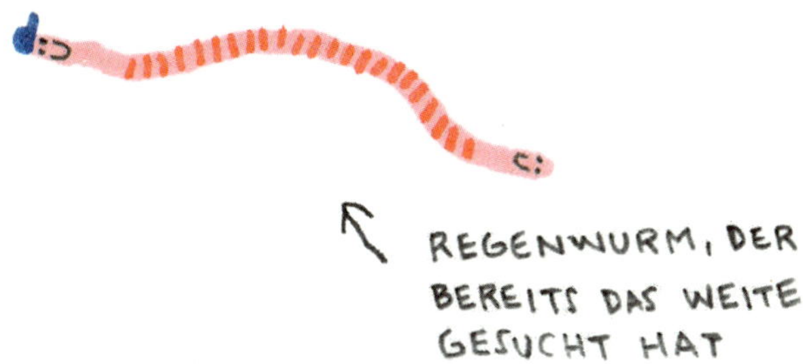
REGENWURM, DER BEREITS DAS WEITE GESUCHT HAT

# Zweites Kapitel

In dem man während eines Gewitters niemals entspannt bleiben kann, weil Blitze immer einschlagen, wo und wann es ihnen passt

Am liebsten bleibt der Regenwurm ungestört unter der Erdoberfläche, genießt von dort aus stürmisches Wetter oder gräbt endlose Gänge. Leider erlaubt ihm das die Natur nicht immer,

ist sie doch grausam gegenüber allen, ganz besonders aber gegenüber dem Regenwurm, da sie ihn zwingt, bei Regen herauszukommen, damit er nicht ertrinkt.

Das ist der beste Moment, um sein Verhalten während eines Unwetters zu beobachten.

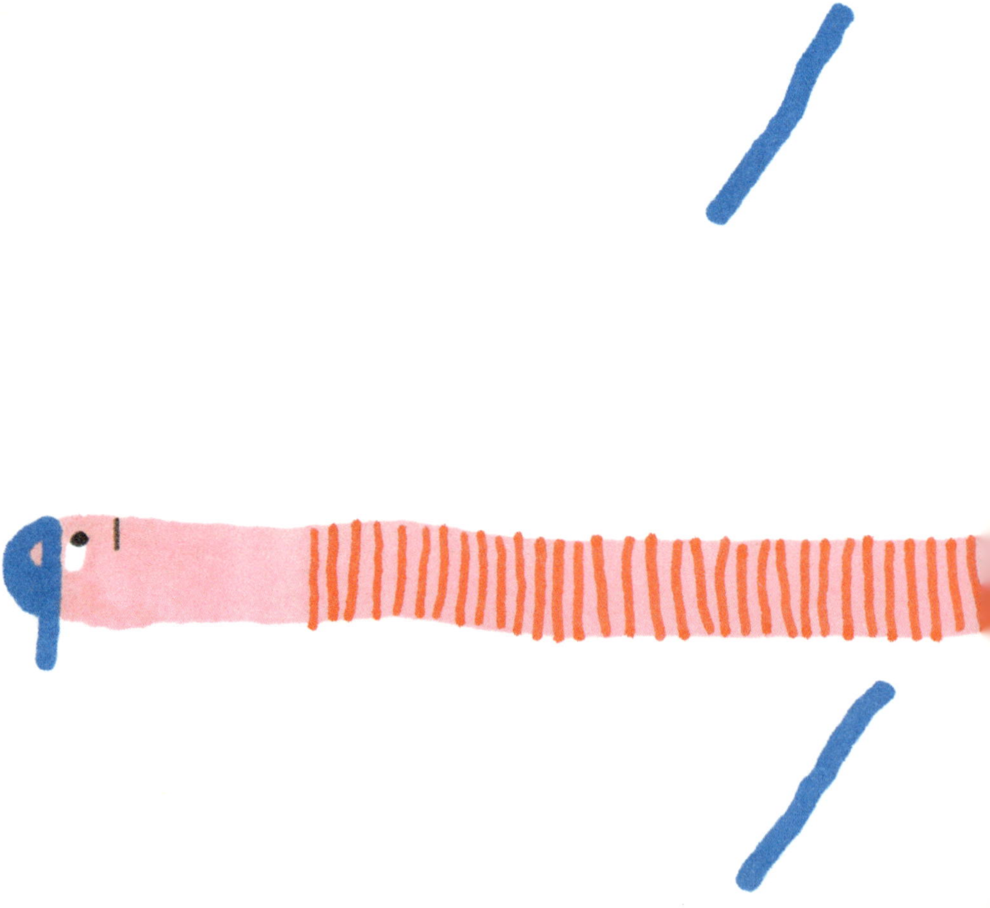

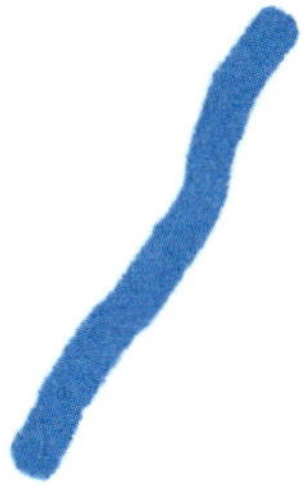

Von außen betrachtet scheint es dem Wurm gutzugehen.
Es wirkt, als würde er den Regen genießen, der ihm im Übrigen ein glänzenderes und helleres Aussehen verleiht.

Allerdings lässt sich nicht mit Sicherheit sagen, was ein Wurm denkt, wenn er ausgestreckt auf dem Rasen liegt und kein Wort sagt.

Vielleicht hat er ja gar nichts zu sagen,

oder er weiß einfach nicht, *wie* er es sagen soll.

WIESO, HAST DU ANGST?

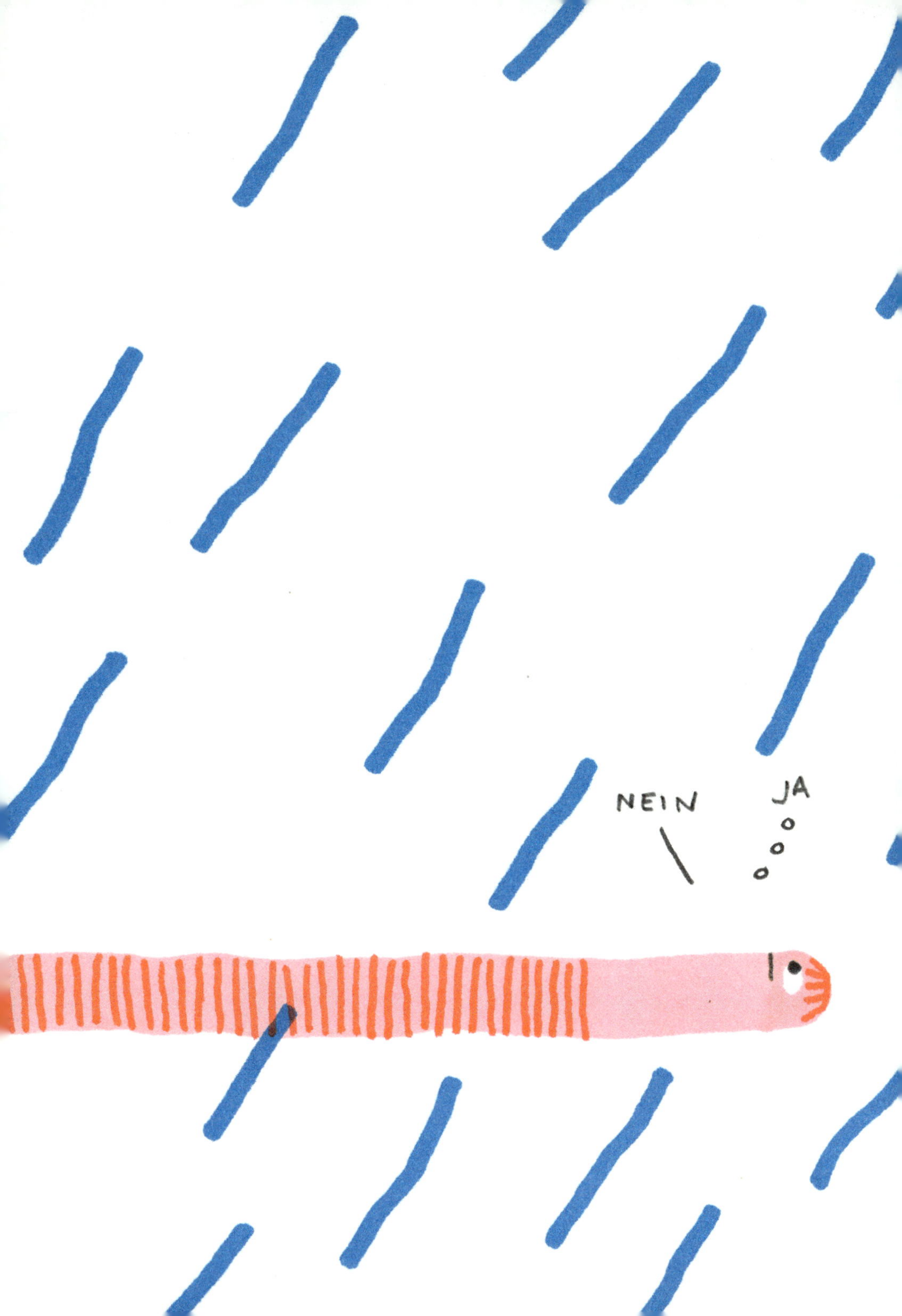
NEIN
JA

KEINE AHNUNG

WANN, DENKST DU,
HÖRT ES AUF?

RU

MS

# Drittes Kapitel

In dem der Regenwurm im Schlamm erwacht, nicht mehr weiß, wer er ist, wie viele er ist, wann das alles losging und wo es enden wird

Der Regenwurm glaubt, er sei jetzt tot.

Oder vielleicht hofft er es auch.

Er hofft, dass es nach einem solchen Unglück kein Erwachen gibt.

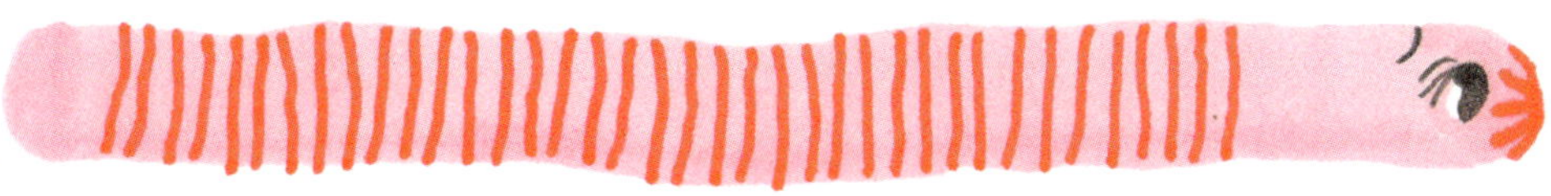

Er hofft zumindest, dass die Welt zerstört wurde, während er geschlafen hat, dass der Wind alles weggeblasen hat, dass der Donner die Vulkane hat ausbrechen lassen und die kochende Lava alles unter sich begraben hat.

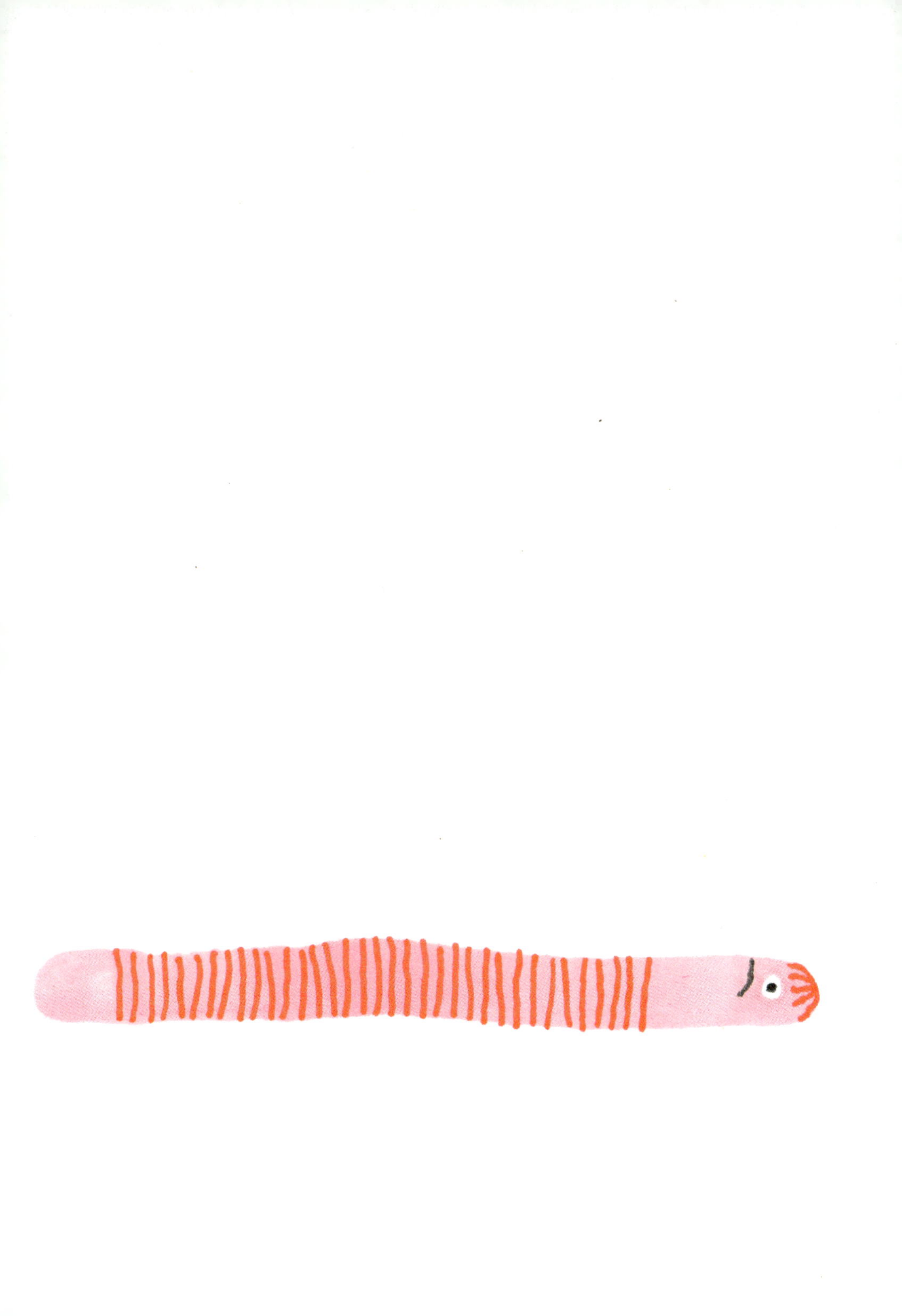

Doch tatsächlich weiß er sehr genau, dass sich draußen nichts verändert hat. Das Gewitter ist vorüber und jetzt wird alles seinen Lauf nehmen.

Sicher ist, dass sein Schwanz so große Angst hatte, dass er verschwunden ist. Oder dass er den Blitzschlag ausgenutzt hat, um so weit wie möglich davonzurennen.

Unmöglich zu sagen, wie schlecht er sich dabei wohl gefühlt hat.

Hat es vielleicht wehgetan, wie wenn man sich einen Knochen bricht?
Oder wie wenn einem ein Zahn gezogen wird?

Jedenfalls ist der Wurm jetzt voller Schlamm,
ihm ist übel, und sein Kopf dreht sich.

Er geht zurück nach Hause, nimmt ein Bad und sagt sich, dass es jetzt nur noch bergauf gehen kann.

Doch dann wirft er einen Blick in den Spiegel und erkennt sich kaum wieder.

Er hängt sich zum Trocknen in die Sonne und hofft, dass er verdunstet – wie Wasser.

Von diesem Moment an weiß der Regenwurm gar nichts mehr.

BIN ICH EIN GANZES?

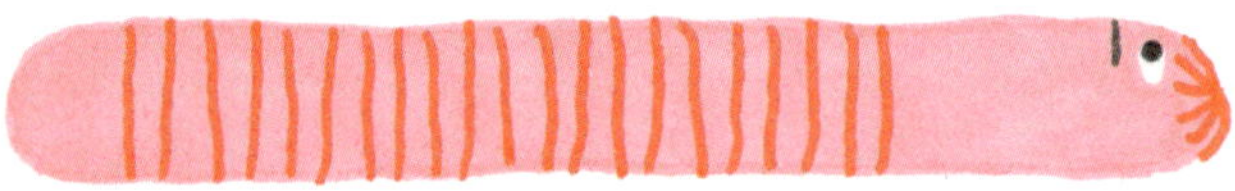

1

Er stellt alles infrage, was mit ihm und seinem Wesen zu tun hat.

ODER NUR DIE HÄLFTE?

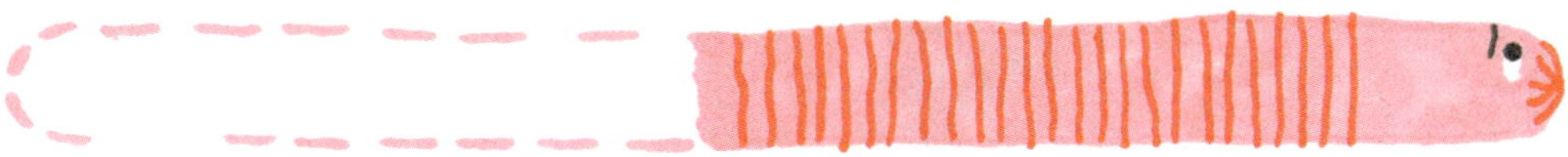

0,5

FALLS ICH EIN GANZES BIN,

WER BIN ICH DANN?

UND WANN HABE ICH BEGONNEN, ICH SELBST ZU SEIN?

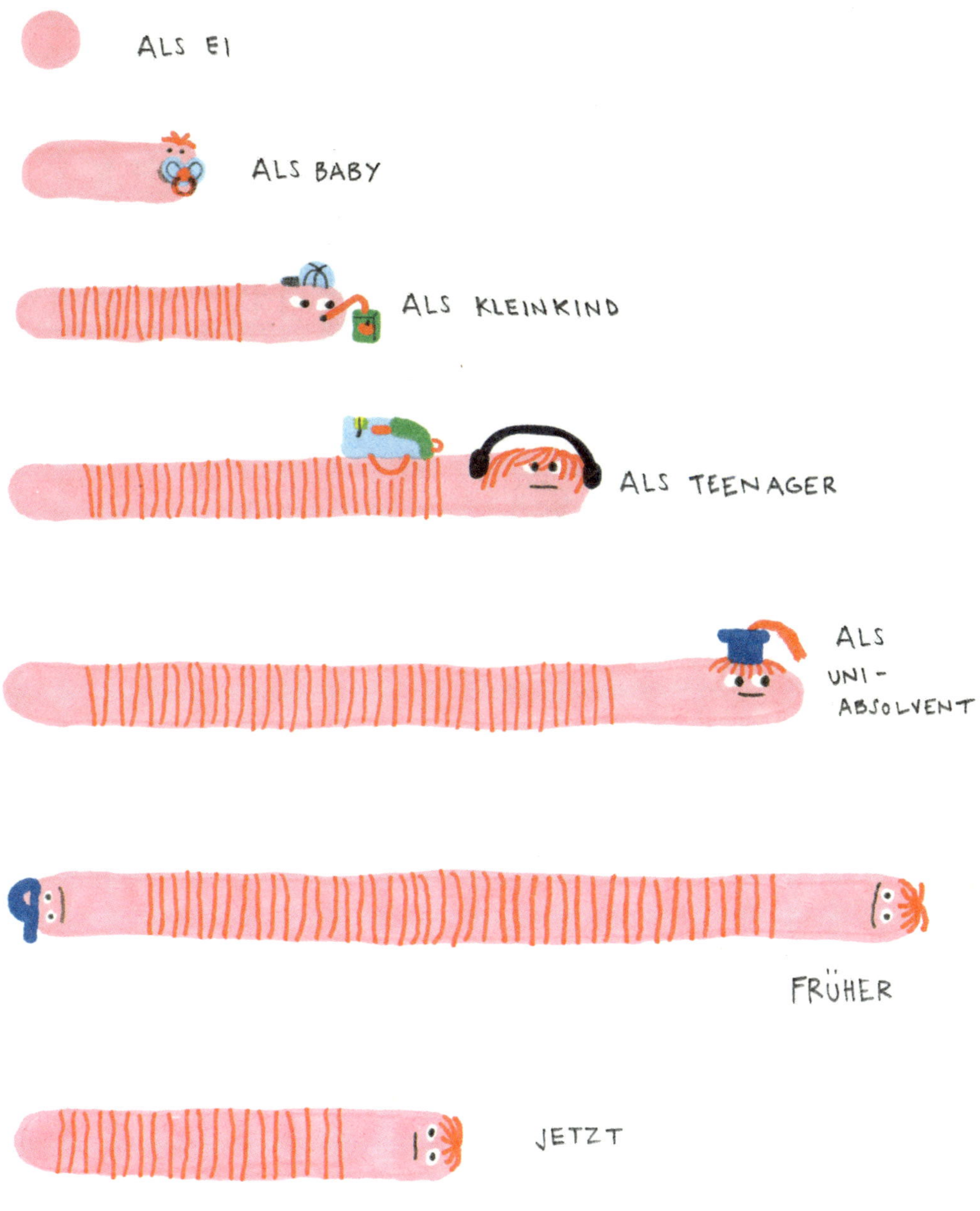

WÄRE ICH IMMER NOCH ICH,
AUCH WENN ICH MIR NICHT MEHR ÄHNLICH SÄHE?

KANN MAN DIE GANZE ZEIT JEMAND SEIN
UND DANN, GANZ PLÖTZLICH,
ZU JEMAND ANDEREM WERDEN?

WO WERDE ICH ENDEN, WENN
ICH NICHT MEHR ICH BIN?

WERDE ICH ZU EINER BLUME, EINEM STERN
ODER ZU GAR NICHTS MEHR?

UND WAS, WENN ICH NIEMALS
EIN ENDE HABE?

BLEIBT MEIN ICH AUCH ÜBER
RAUM UND ZEIT HINWEG BESTEHEN?

WENN ICH NUR EINE HÄLFTE BIN,
WIE WERDE ICH WIEDER
ZU EINEM GANZEN?

KANN EIN SCHWANZ WEHTUN,
DER GAR NICHT MEHR HIER IST?

WERDE ICH JE ERSATZ FÜR MEINEN SCHWANZ FINDEN?
SCHLIESSLICH IST DIE WELT VOLLER SCHWÄNZE.

ABER DIE FÜHLEN SICH ALLE NICHT RICHTIG AN.

# Viertes Kapitel

In dem der Regenwurm lieber ein Schnürsenkel wäre als er selbst

Nach dem Gewitter hat der Regenwurm ein gewisses Unbehagen gegenüber Blitzen und sich selbst entwickelt, und da er den Blitzschlag nicht vergessen kann, versucht er eben, sich selbst zu vergessen.

MHH ...
1.
Versuche, etwas zu sein, das dir nicht ähnelt

Also beschließt er, statt ein Regenwurm zu sein,
lieber zu einem Schnürsenkel zu werden.

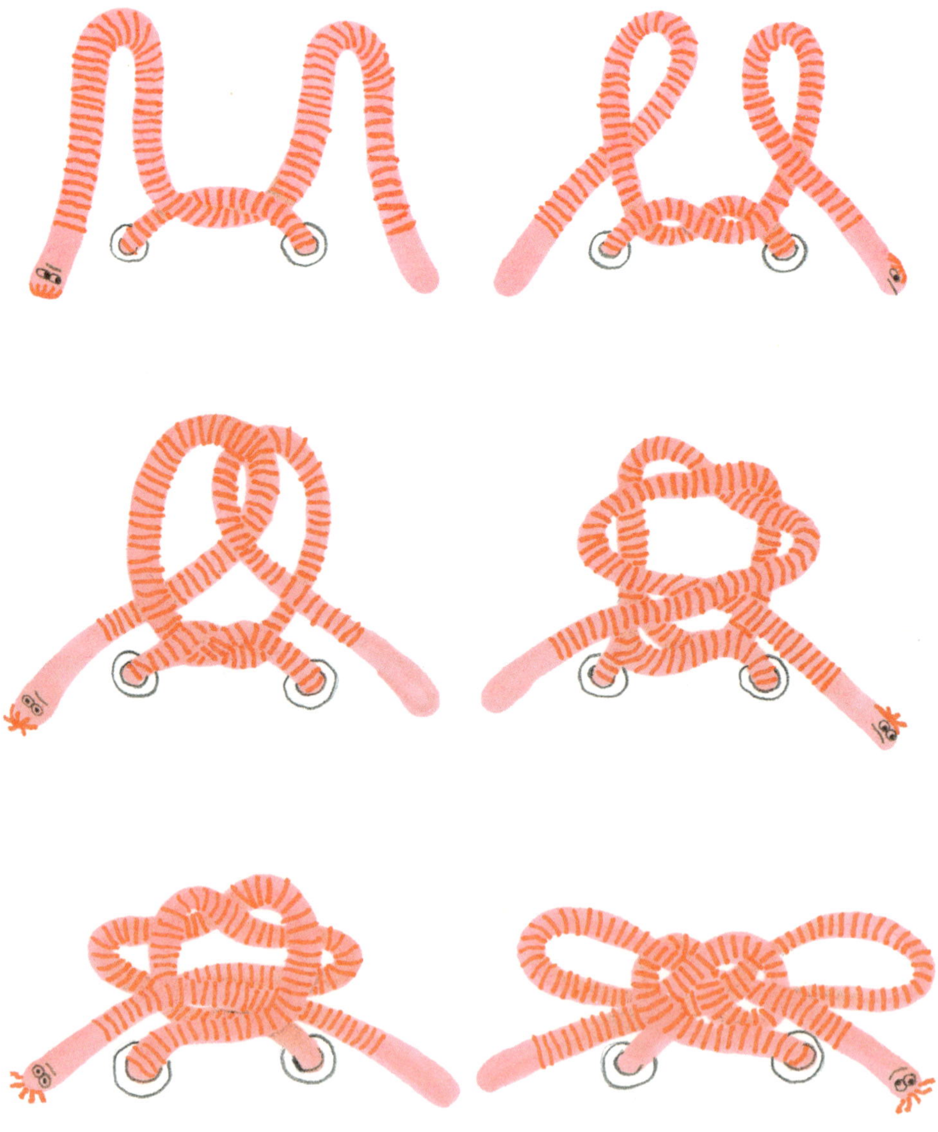

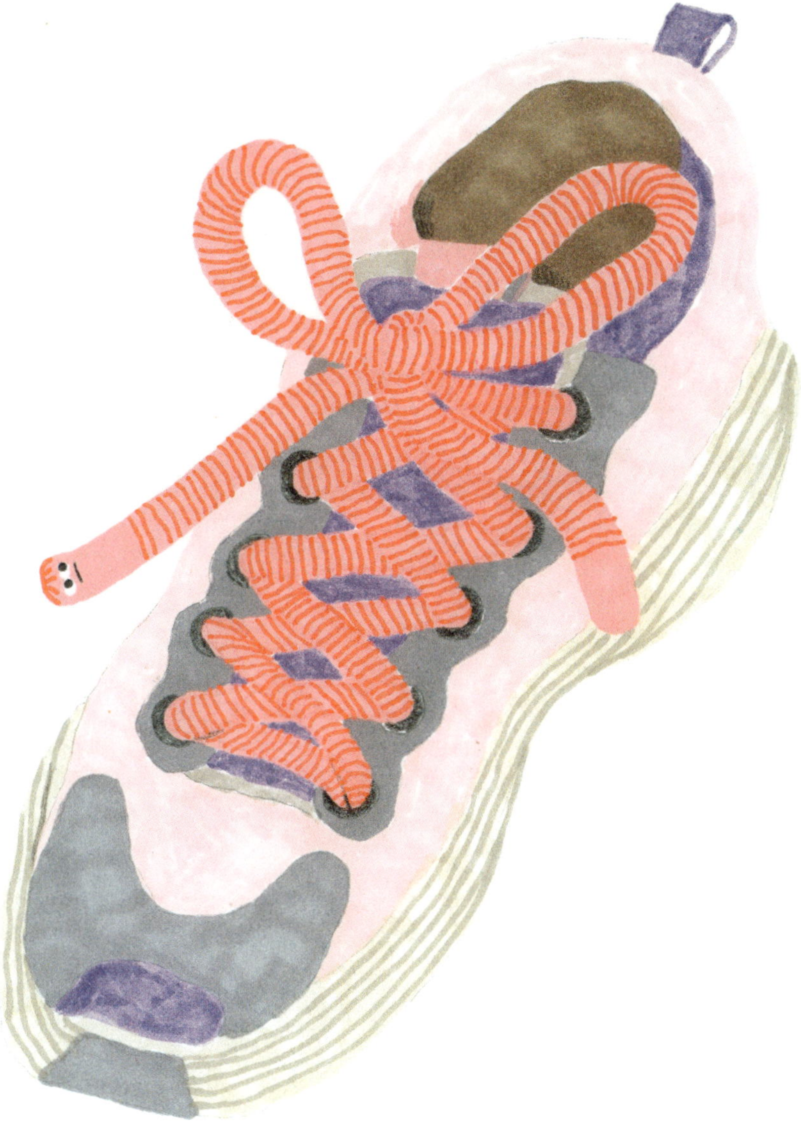

Regenwürmer sollten sich jedoch, wie weiter vorne bereits ausgeführt, besser nicht verknoten, da sie dann ihre Fressfeinde anlocken – mit all den unangenehmen Folgen.

Der Regenwurm versucht sich also vorzustellen, was er sonst noch werden könnte:

ein Ring,

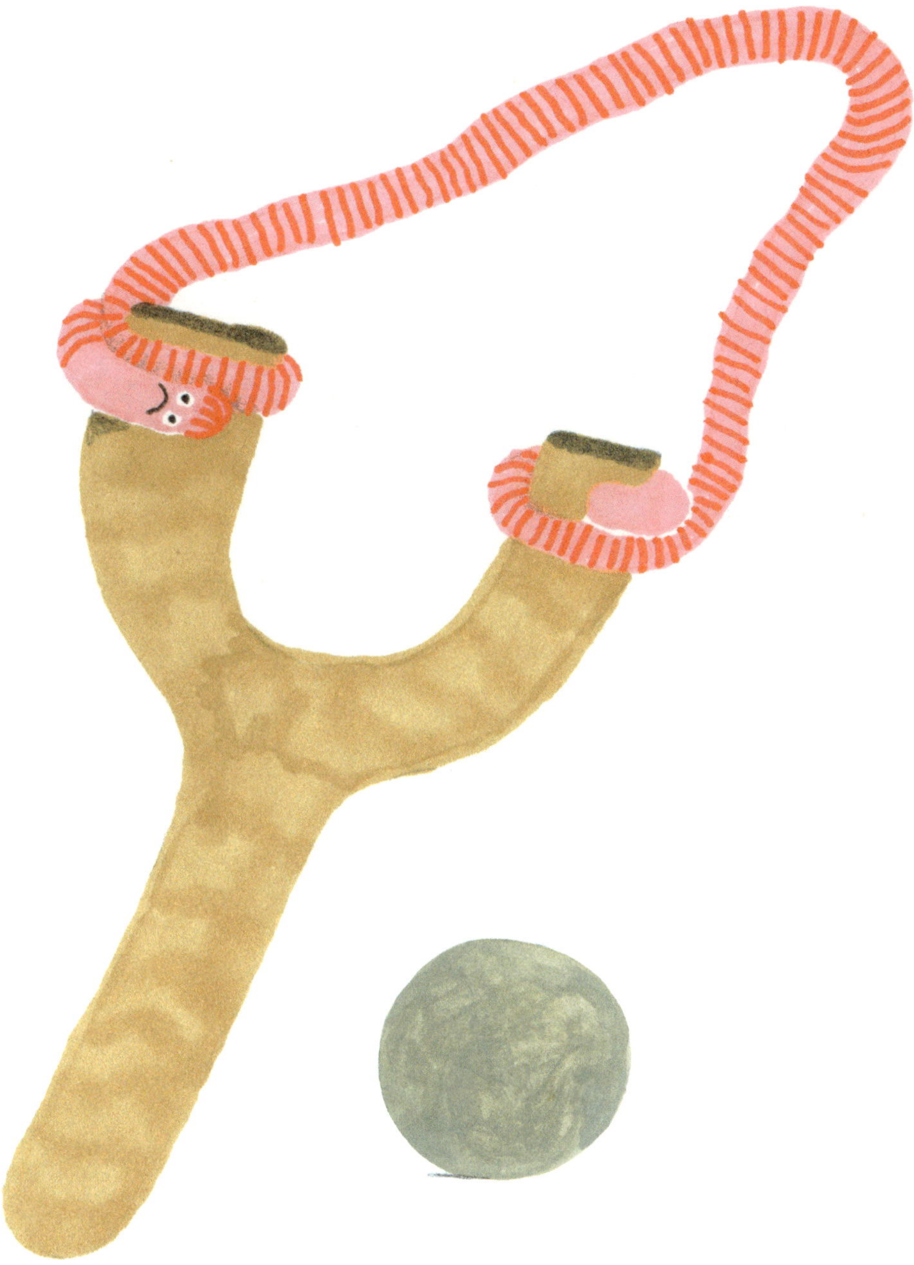

das Gummiband einer Steinschleuder,

ein Lesezeichen,

das Lasso eines Cowboys.

Kurzum, er erkennt, dass er alles Mögliche werden kann,

und weil er sowohl Kuchen liebt als auch alles, was brennt, beschließt er, dort anzufangen.

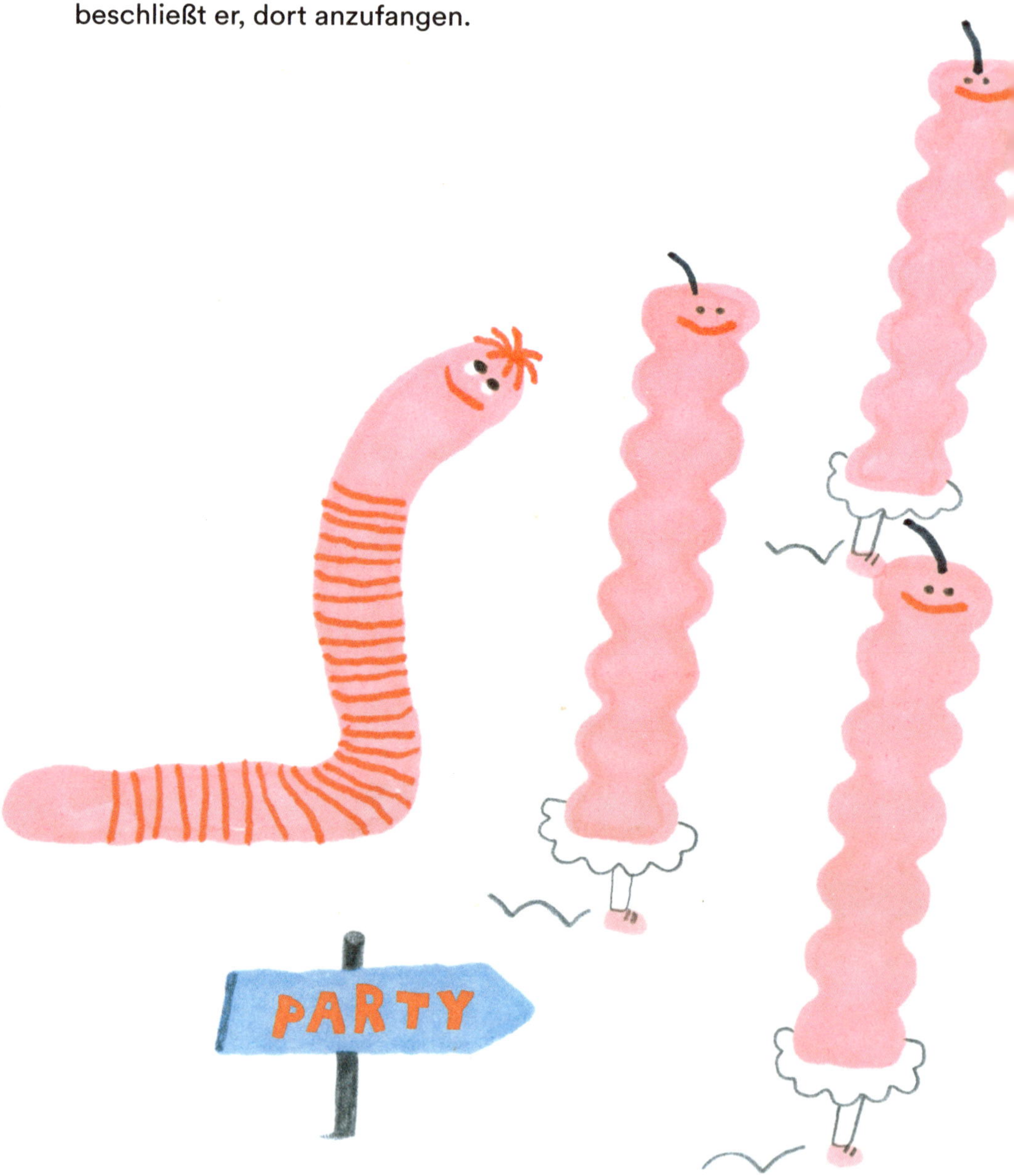

Zunächst findet er es großartig,

doch nach einer Weile sieht alles ganz anders aus.

Und der Regenwurm begreift nicht, wozu es gut sein soll, jemand anderes zu werden, wenn zum Schluss nichts davon übrig bleibt.

# Fünftes Kapitel

In dem der Regenwurm sich vorzustellen versucht, er wäre ein anderer oder hätte zumindest Zähne, dann versucht, zum Stein zu werden, sich aber leider eine Erkältung zuzieht

Hätte der Regenwurm doch Zähne

oder zumindest einen Hut auf dem Kopf,
falls er vom Regen überrascht wird.

Wäre er RIESENGROSS,

POLIZEI
TAXI

oder könnte zumindest laut brüllen,

egal, wer vor ihm steht!

Hätte er eine Ritterrüstung

oder ein besonders hübsches Outfit.

Würde der Regenwurm doch nichts fühlen,

so wie ein Stein.

Im Gegensatz zu Würmern haben es Steine richtig gut getroffen, weil sie allem widerstehen: der Kälte, der Angst, der Langeweile, dem Durchweichtwerden.

Ein Stein ist unzerstörbar, wasserfest,
mückensicher und weint niemals.

Also beschließt der Regenwurm eines Tages, zu einem Stein zu werden, um nichts mehr zu fühlen.

Er weiß, dass er dafür alles geben muss,
aber er ist überzeugt, es schaffen zu können.

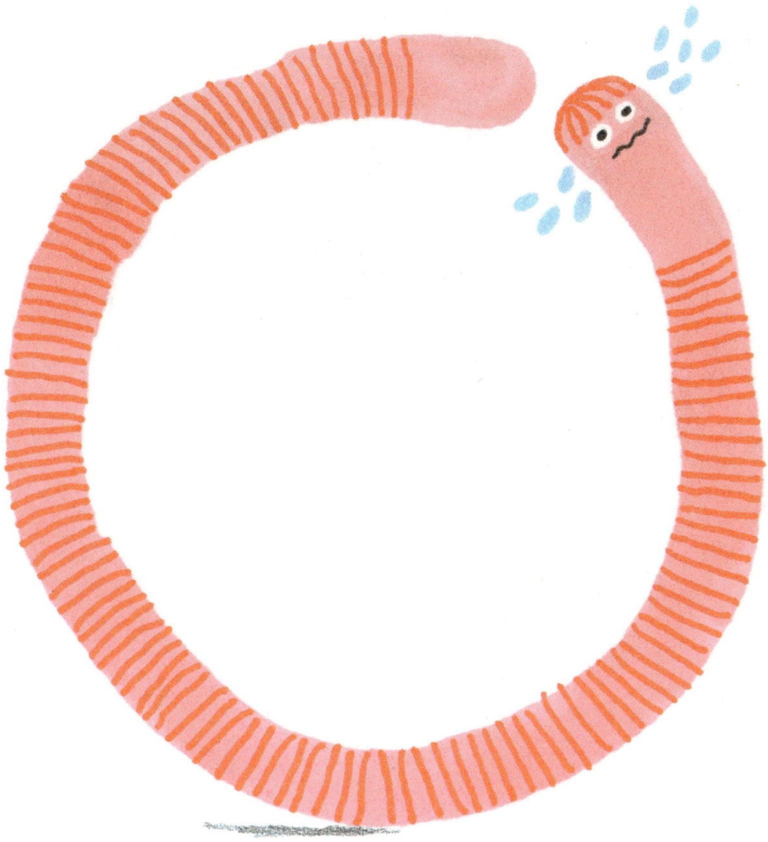

Er muss stillhalten, sich konzentrieren, der Kälte trotzen, frei von Angst sein, überzeugt davon sein, dass Steine stark und unzerstörbar sind,

niemals weinen oder krank werden, geschweige denn einen Schnupfen kriegen und und und ...

... HATSCHI!

# Sechstes Kapitel

In dem der Regenwurm seinen Platz in der Welt sucht, ihn jedoch nicht findet

Wir wissen, dass Regenwürmer überall auf der Welt an ganz unterschiedlichen Orten leben. Die Umgebung, in der sie sich befinden, ist ihnen aber völlig egal – ob nun bergig oder hügelig,

ob am Meer oder am Fluss. Das Einzige, was den Regenwurm wirklich interessiert, ist die Beschaffenheit der Erde, denn die ist sein Zuhause.

Allerdings kann es vorkommen, dass es dem Regenwurm irgendwann reicht und er nicht mehr in der feuchten, matschigen Erde wohnen möchte. Dann macht er sich auf die Suche nach einem neuen Unterschlupf.

Für den Regenwurm ist es gar nicht so einfach, ein neues Zuhause zu finden. Er zieht von einem Plätzchen zum nächsten und versucht, sich dabei möglichst nicht zu verletzen.

Er findet eine Behausung, doch die ist ihm zu eng.

Eine andere ist zu gefährlich,

zu voll,

zu kalt,

zu schick,

zu kurzfristig,

zu feucht,

zu ungemütlich.

Schließlich landet er auf einer Wiese und versucht, sich unsichtbar zu machen.

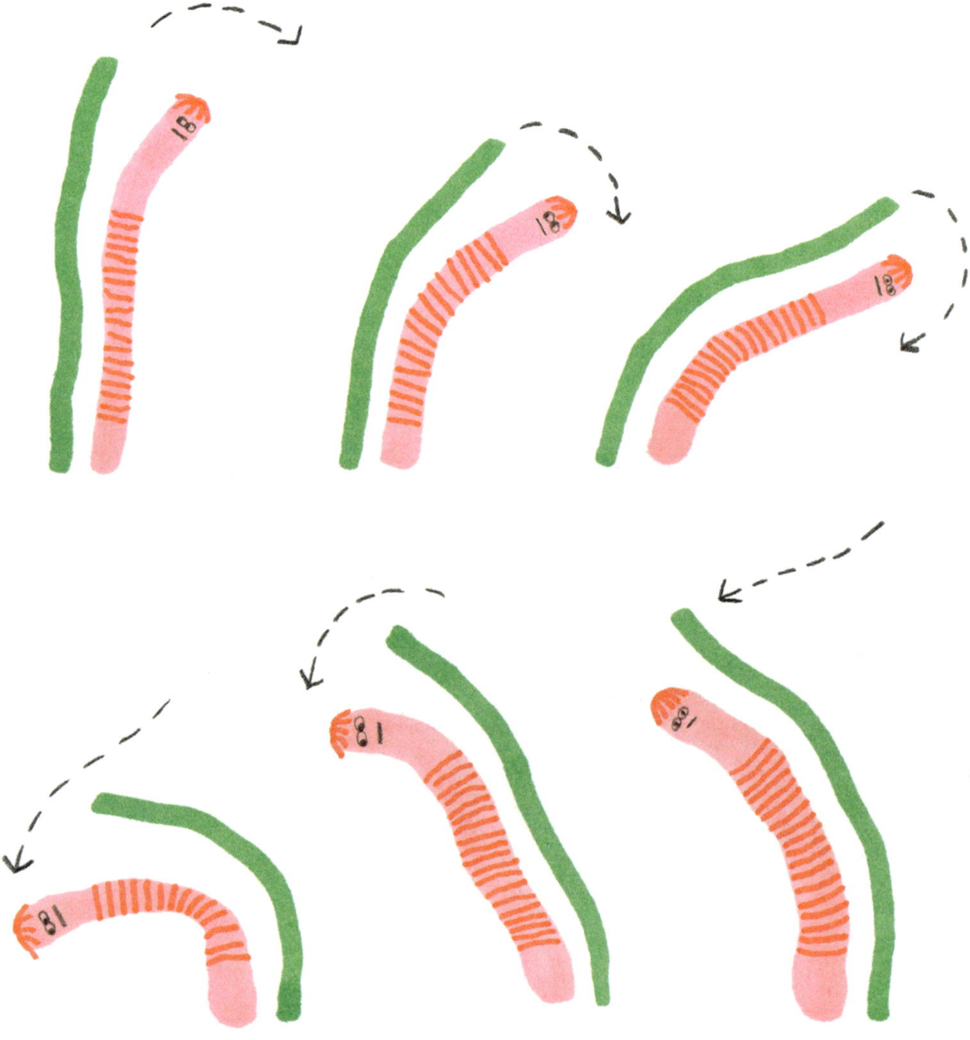

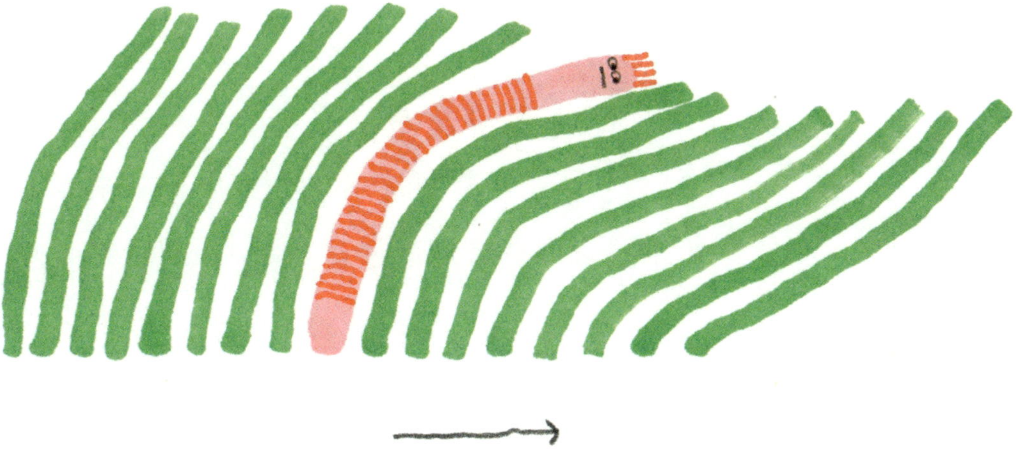

DA LANG

DORT LANG

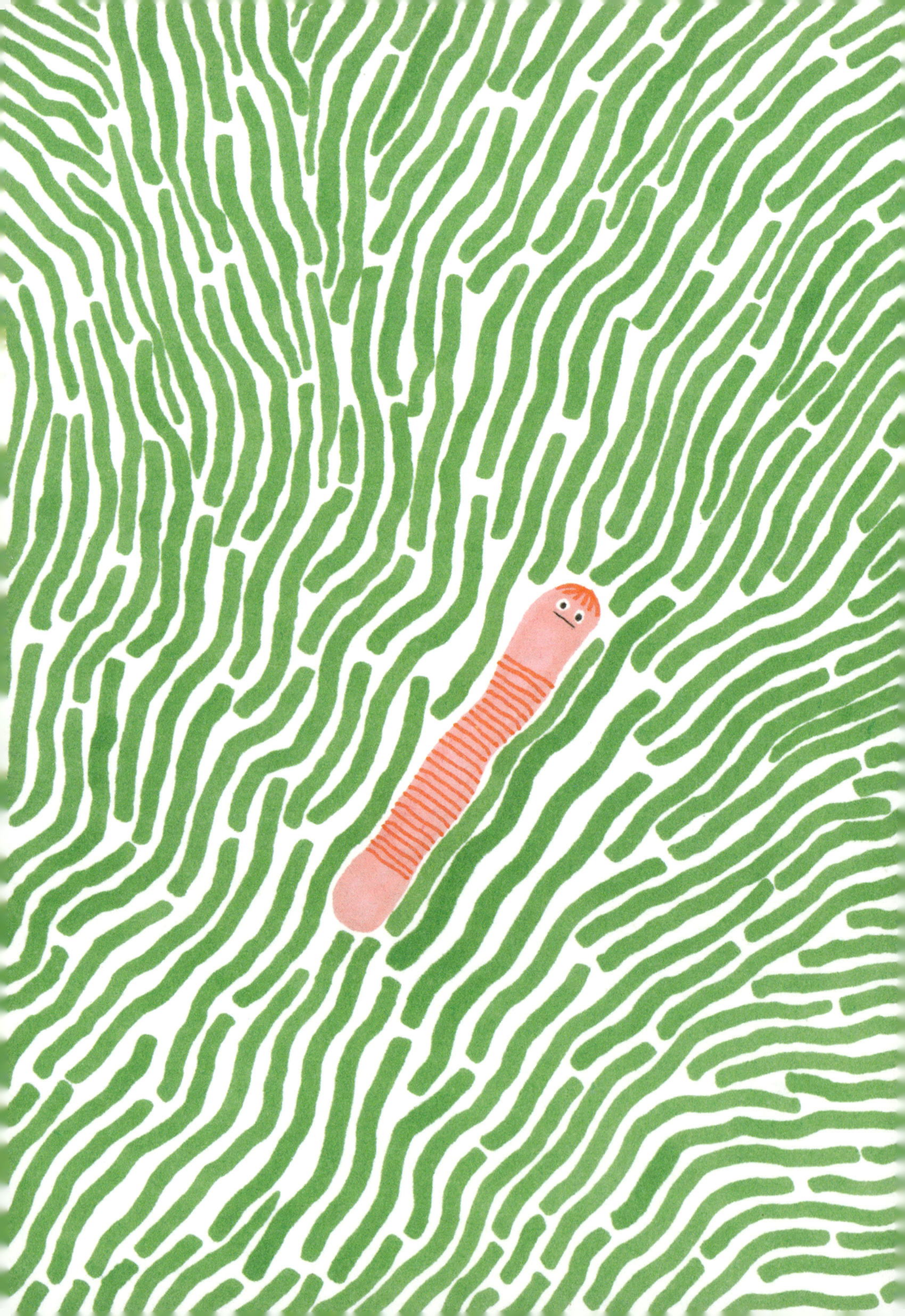

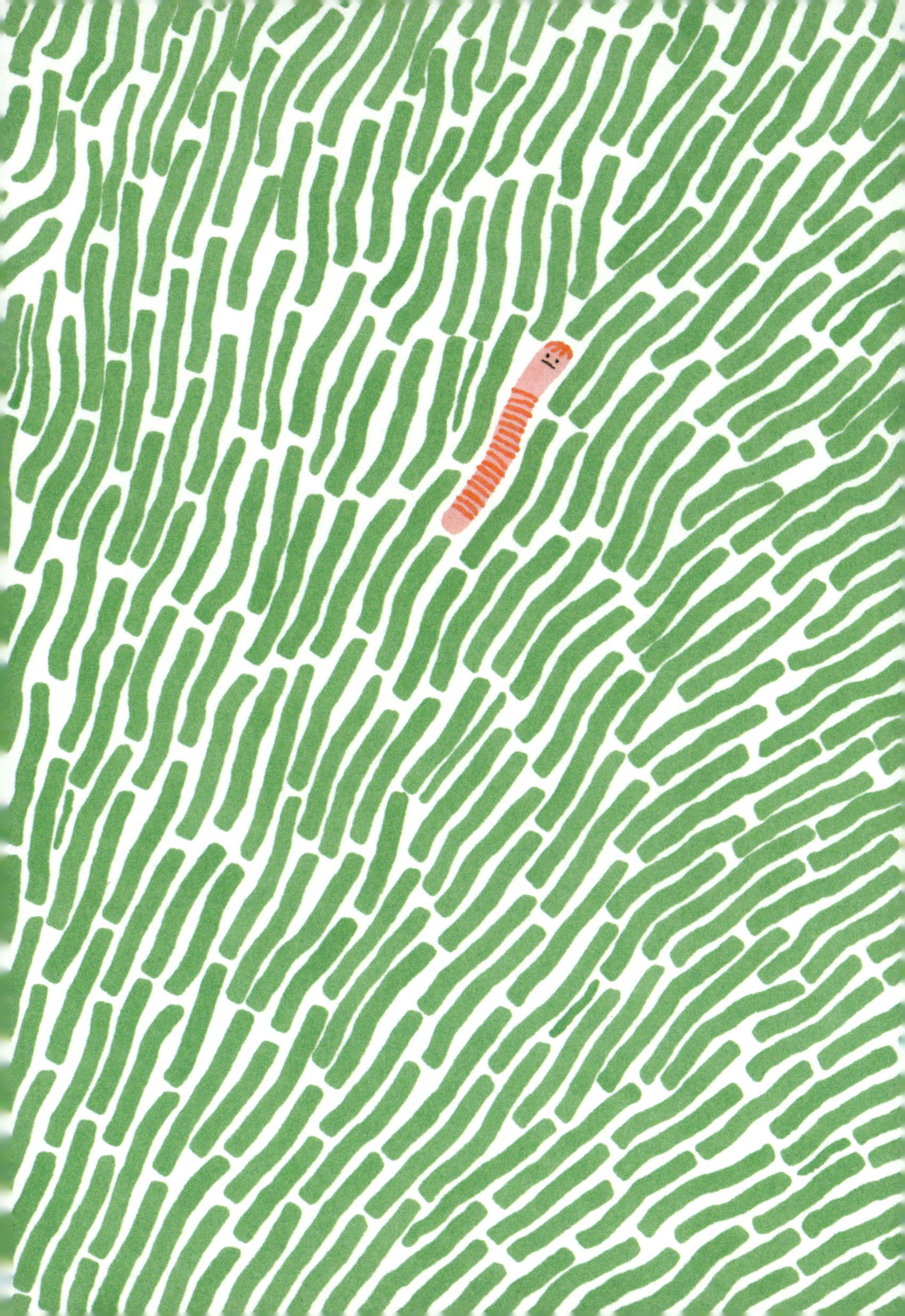

# Siebentes Kapitel

Über die Hartnäckigkeit sowie den Sinn und den Nutzen, Gänge zu graben

Jedes Mal, wenn ein Wurm anfängt, einen Gang zu graben, hat er keine Ahnung, wohin ihn dieser führen wird, wie lang er sein wird und wo er enden wird. Er weiß nicht, ob er im Erdreich etwas Nützliches finden wird, wie etwa eine vergessene Motorsäge, die man ja immer brauchen kann, oder ob es plötzlich zu regnen anfängt und die Gefahr besteht zu ertrinken. Er weiß nicht, ob er unterwegs auf jemanden stoßen wird, der nett ist, oder ob er im Haus eines Maulwurfs landet, die schlimmste aller denkbaren Möglichkeiten!

Wenn der Regenwurm zu graben anfängt, weiß er noch nicht, in welche Richtung sich die Sache entwickeln wird, und die Tatsache, dass ein solcher Tunnel schier unendliche Möglichkeiten in jede Richtung bietet, bringt den Regenwurm an den Rand des Wahnsinns. An jeder Biegung muss er sich entscheiden, wohin die Reise geht. Nie kann er sich entspannen.

Dieses hartnäckige Verhalten der Würmer – ihre Bereitschaft, die Erde vor sich zu fressen, nur um mit dem Bau ihres Ganges weiterzukommen – legt die Idee nahe, dass sie vielleicht auf der Suche nach irgendetwas sind.

Was das sein könnte, wissen wir nicht, und vielleicht wissen das nicht einmal die grabenden Regenwürmer selbst. Unmöglich herauszubekommen, ob sie nun etwas Bestimmtes oder überhaupt gar nichts suchen.

Sicher ist allerdings, dass keiner der unzähligen Gänge so ist wie ein anderer, und auch wenn es keinerlei Grund für ihre Existenz gibt, sind sie die einzige Sicherheit im Leben des Wurmes.

# Schlussbemerkung

In dem die Leserschaft zur Verbreitung der Verhaltensregeln zum Schutz vor Blitzschlag angehalten wird

Einige von euch fragen sich vielleicht, welches Ende der abhanden gekommene Schwanz aus dem Zweiten Kapitel genommen hat, ob er vom Blitzschlag vernichtet wurde oder ob er sich so sehr erschrocken hat, dass er möglichst weit weggelaufen ist und dann nicht mehr den Mut hatte zurückzukehren.
Keine Angst, es geht ihm gut. Er lebt an einem Plätzchen, wo es oft regnet und die Gänge oft Gefahr laufen, sich mit Wasser zu füllen. Dennoch gibt es keinen Grund, sich Sorgen um ihn zu machen. Er kann inzwischen tadellos schwimmen und weiß sich in jeder Situation zu helfen.

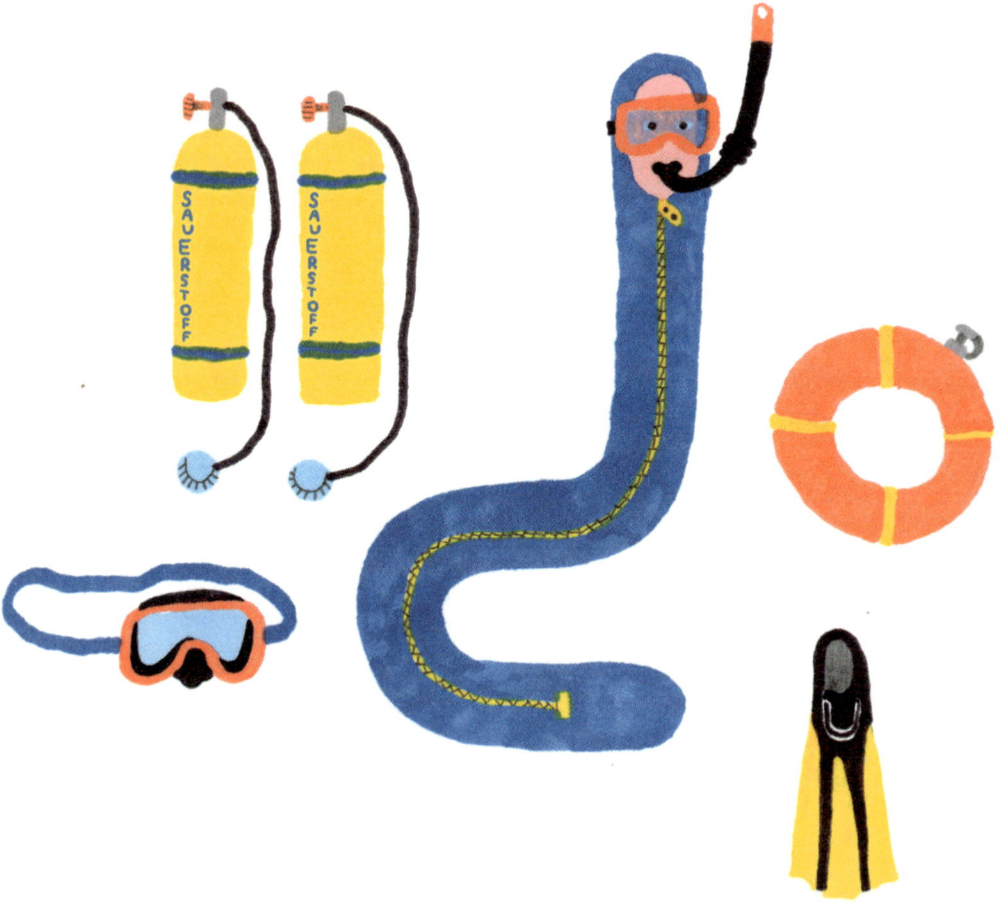

Ich würde euch ja gerne erzählen, er habe einen Brief an unseren Regenwurm geschrieben, um ihm mitzuteilen, dass es ihm gut geht, und ich würde auch gerne glauben, der Brief sei aufgrund der Unzuverlässigkeit der Post nie angekommen, aber ich fürchte, das stimmt nicht. Möglicherweise hat der Blitzschlag sein Gedächtnis ausgelöscht, und er erinnert sich an nichts von dem, was zuvor geschehen war. Oder der Brief wurde wegen der ständigen Umzüge des Regenwurmes an eine falsche Adresse geschickt. Doch wer weiß.

Sollten sich die beiden Teile des Regenwurmes zufällig treffen, würden sie einander wohl gar nicht mehr erkennen.

Oder sie würden sich vielleicht so sehr erschrecken, dass sie sich eilig wieder in entgegengesetzte Richtungen davonmachten,

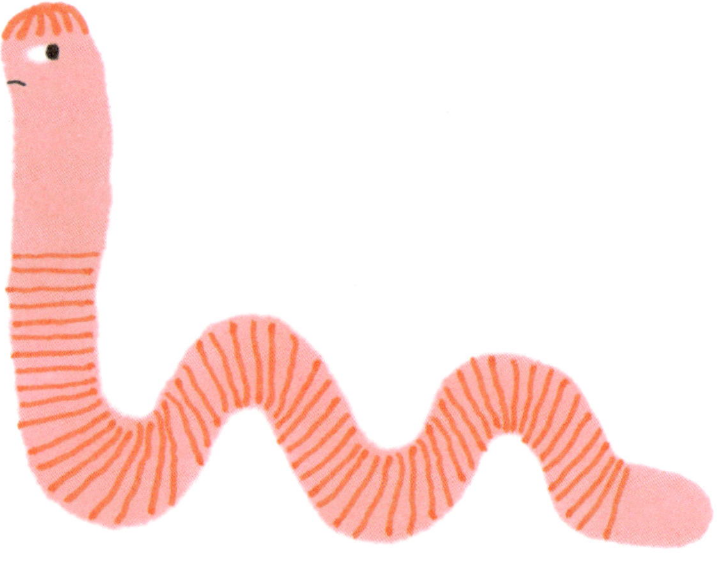

wie die gleichen Pole zweier Magneten,
bis sie aus unserem Blickfeld verschwänden.

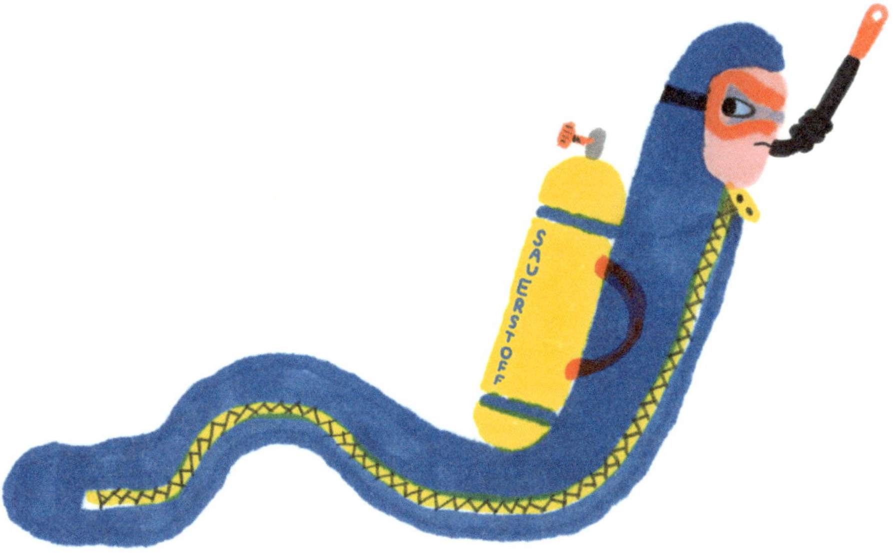

Wie es dann weitergehen würde, können wir nur vermuten, denn hier endet meine Sammlung von Notizen und Beobachtungen zum Leben, zu den Gewohnheiten und Verhaltensweisen der Regenwürmer, auch wenn längst nicht alles über sie gesagt ist.

Auf ihren weiteren Wegen wünsche ich sämtlichen Würmern dieser Erde nur äußerst sporadische Begegnungen mit Maulwürfen, Spitzmäusen, Fröschen und Vögeln jeder Art. Im Fall starken Regens mögen sie stets mit Rettungswesten ausgestattet sein; sie sollten besser nicht versuchen, sich durch Tarnung zwischen Pflanzen zu verstecken (denn das funktioniert bei ihnen einfach nicht), und sie sollten sich während eines Gewitters vor Blitzen in Acht nehmen.

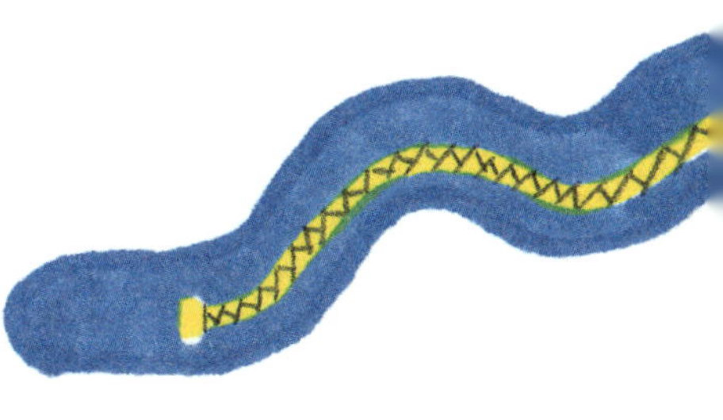

Falls ihr die Regenwürmer in eurem Garten schützen wollt, dann empfehle ich euch, die folgenden *Verhaltensregeln zum Schutz vor Blitzschlag* im Maßstab 1:2 zu fotokopieren und sie überall dort auf dem Boden zu verteilen, wo ihr Löcher seht, bei denen es sich ganz sicher um Wurmbehausungen handelt. So wissen die Regenwürmer, wie sie sich im Fall schwerer Gewitter zu verhalten haben und können sich endlich in Sicherheit an ihnen erfreuen.

Verhaltensregeln zum Schutz vor Blitzschlag
1. NICHT UNTER BÄUMEN SCHUTZ SUCHEN
2. KEINE SCHIRME, GOLDENEN HALSKETTEN, UHREN, ANTENNENRADIOS UND METALLGEGENSTÄNDE JEDER ART MIT SICH FÜHREN
3. SCHUTZ IN AUTOS ODER ANDEREN GESCHLOSSENEN RÄUMEN SUCHEN
4. IN ERMANGELUNG GESCHLOSSENER RÄUME VERSUCHEN, FOLGENDE KÖRPERHALTUNG EINZUNEHMEN UND SO ZU TUN, ALS WÄRE MAN GAR NICHT DA
5. NICHT TELEFONIEREN, AM COMPUTER ARBEITEN ODER SICH DIE HAARE FÖHNEN

WÜRMER

Mein Dank gilt Tove Jansson für ihre „Abhandlung über Regenwürmer, die kaputt gegangen sind“, die ihr in *Das Sommerbuch* im Kapitel „Regenwürmer und andere“ nachlesen könnt, sowie an Emilio dafür, dass er mir das Buch vorgelesen hat.
Danke auch an Janet und Allan Ahlberg, Charles Darwin, Andrea Antinori, Sveva, Pietro und alle Würmer auf dieser Erde.

Die Übersetzung des vorangestellten Zitats von Tove Jansson ist entnommen aus:
Tove Jansson: *Das Sommerbuch* (Bastei Lübbe Verlag, Köln 2014), aus dem Schwedischen von Birgitta Kicherer (Seite 173).


Verlag Antje Kunstmann GmbH, Kreittmayrstr. 26,
80335 München, info@kunstmann.de
Die italienische Originalausgabe erschien unter dem Titel *Sulla vita sfortunata dei vermi. Trattato abbastanza breve di storia naturale* bei Maurizio Corraini s.r.l., Mantua, 2021.

Druck und Bindung: Pustet, Regensburg
ISBN 978-3-95614-629-9



www.kunstmann.de